开化县农业生产技术手册

蔬菜果树

SHU CAI GUO SHU

开化县农业农村局
浙江开放大学开化学院
开化县两山投资集团有限公司
开化县两山业务培训有限公司
组 编

中国农业科学技术出版社

图书在版编目（CIP）数据

开化县农业生产技术手册. 蔬菜果树 / 开化县农业农村局等组编. -- 北京：中国农业科学技术出版社，2024. 11. -- ISBN 978-7-5116-7209-4

Ⅰ. S-62

中国国家版本馆CIP数据核字第20241NE239号

责任编辑	闫庆健
责任校对	王 彦
责任印制	姜义伟　王思文
出 版 者	中国农业科学技术出版社
	北京市中关村南大街12号　邮编：100081
电　　话	（010）82106632(编辑室)　（010）82106624(发行部)
	（010）82109709(读者服务部)
网　　址	https://castp.caas.cn
经 销 者	各地新华书店
印 刷 者	北京建宏印刷有限公司
开　　本	142mm×210mm　1/32
印　　张	3
字　　数	80千字
版　　次	2024年11月第1版　2024年11月第1次印刷
总 定 价	96.00元(全3册)

版权所有·翻印必究

《开化县农业生产技术手册》编委会

主　　任　方　明
副 主 任　陈　琦　毛小娟　吴鹏远
编　　委　(按姓氏笔画为序)
　　　　　王洪富　毛　惟　方新锋　吕学高　刘丽芳
　　　　　江　凯　严晨阳　李　霞　吴水女　何　飞
　　　　　余仁来　余逸扬　汪晓宏　陆　剑　陈　峰
　　　　　胡金寿　钟　政　徐根旺　蒋　剑　詹勇军

《蔬菜果树》编写人员

主　　编　郑校平
副 主 编　叶为诺　徐哲明
编写人员　(按姓氏笔画排序)
　　　　　叶为诺　叶巧丽　叶兴锋　吴　帅　何见妹
　　　　　余根龙　汪传荣　汪明德　张志峰　金　婷
　　　　　郑校平　姜露萍　徐义华　徐哲明　程全通
校　　稿　张馨元
审　　核　林　欢

前 言

为了进一步促进以"二中两茶一鱼"为主导,红高粱、小水果等为特色的农业产业发展,提高广大农民科技文化综合素质,造就一批有文化、懂技术、善经营、会管理的高素质农民,我们根据开化县农业生产和农村发展需要,组织县内行业首席专家及行业权威人士编写了《开化县农业生产技术手册》。

《蔬菜果树》是《开化县农业生产技术手册》中的一个分册,全书共分五章,第一章概述,主要介绍了蔬菜、果树作物的概念及开化县蔬菜果树作物种植现状;第二章主导品种,主要介绍了蔬菜、西甜瓜、果树和子莲4种作物的47个品种;第三章种植技术,主要介绍了高山辣椒生态高效栽培、太秋甜柿丰产栽培等18项蔬菜、果树种植技术;第四章种植模式,主要介绍了"草莓-

开化冬桃

早稻""春鲜食玉米－晚稻"等9种不同的种植模式；第五章灾后措施，主要介绍暴雨洪涝、高温干旱、雨雪冰冻3种农业自然灾害天气的生产救灾措施。

《蔬菜果树》一书，内容广泛、文字简练、图文并茂、通俗易懂，可供广大农业企业种植基地管理人员、农民专业合作社社员、家庭农场成员和农村种植大户阅读，也可作为农业生产技术人员和农业推广管理人员技术辅导参考用书。

由于编者水平所限，书中难免有不妥之处，敬请广大读者提出宝贵意见，以便进一步修订和完善。

编 者
2024年9月

开化猕猴桃

开化花菜

目录

第一章　概　述 ······················· 1
一、蔬菜、果树作物的概念 ············ 1
二、开化县蔬菜果树作物种植现状 ······ 3

第二章　主导品种 ···················· 4
一、蔬　菜 ·························· 4
二、西甜瓜 ·························· 10
三、果　树 ·························· 12
四、子　莲 ·························· 14

第三章　种植技术 ···················· 17
一、蔬菜种植关键技术 ················ 17
二、果树种植关键技术 ················ 52

第四章　种植模式 ···················· 70
一、草莓－早稻 ······················ 70
二、春鲜食玉米－晚稻 ················ 71
三、速生叶菜－春马铃薯－单季稻 ······ 71
四、花椰菜（西蓝花）－单季稻 ········ 72

五、秋鲜食玉米-早稻 ·················· 73

　　六、秋萝卜-单季稻 ···················· 74

　　七、蔬菜-小香薯 ······················ 75

　　八、山地辣椒-春马铃薯 ················ 76

　　九、冬季蔬菜-鲜食玉米+鲜食大豆 ······· 76

第五章　灾后措施 ························· 78

　　一、暴雨洪涝灾后农业生产救灾措施 ····· 78

　　二、高温干旱天气农业生产救灾措施 ····· 80

　　三、雨雪冰冻天气农业生产救灾措施 ····· 82

参考文献 ································· 86

第一章 概　述

一、蔬菜、果树作物的概念

蔬菜是指可以通过做菜、烹饪成为食品的一类植物或菌类，蔬菜是人们日常饮食中必不可少的食物之一，可提供人体所必需的多种维生素和矿物质等营养物质。

果树是指果实可食的树木，是能提供可供食用的果实、种子的多年生植物及其砧木的总称。

（一）蔬　菜

蔬菜按食用器官可分为根菜类、茎菜类、叶菜类、花菜类和果菜类等。

1. 根菜类

根菜类是以肥大的根部为产品器官的蔬菜，包括肉质根和块根两大类。肉质根是以种子胚根生长肥大的主根为产品，如萝卜、胡萝卜、根用芥菜等。块根类是以肥大的侧根或营养芽发生的根膨大为产品，如牛蒡、甘薯、葛等。

2. 茎菜类

茎菜类是以肥大的茎部为产品的蔬菜，包括肉质茎类、嫩茎类、块茎类、根茎类、球茎类、鳞茎类等。肉质茎类是以肥大的地上茎为产品，有莴笋、茭白、茎用芥菜等。嫩茎类是以萌发的嫩芽为产品，如竹笋、香椿等。块茎类是以肥大的块茎为产品，如马铃薯、菊芋等。根茎类是以肥大的根茎为产品，如莲藕、姜等。球茎类是以地下的球茎为产品，如慈姑、荸荠等。鳞茎类是由叶鞘基部膨大形成的鳞茎为产品，如洋葱、大蒜等。

3. 叶菜类

叶菜类是以鲜嫩叶片及叶柄为产品的蔬菜，包括普通叶菜类、结球叶菜类和辛香叶菜类三大类。普通叶菜类包括小白菜、叶用芥菜、乌塌菜、荠菜、菠菜、苋菜、莴苣、茼蒿、芹菜等。结球叶菜类包括结球甘蓝、大白菜、结球莴苣等。辛香叶菜类包括大葱、韭菜、芫荽等。

4. 花菜类

花菜类是以花器或肥嫩的花枝为产品，如金针菜、朝鲜蓟、花椰菜、紫菜薹、芥蓝等。

5. 果菜类

果菜类是以果实及种子为产品，包括瓠果类、浆果类、荚果类和杂果类等。瓠果类包括南瓜、黄瓜、冬瓜、丝瓜、苦瓜等。浆果类包括番茄、辣椒、茄子。荚果类包括菜豆、豇豆、刀豆、豌豆、蚕豆、毛豆等。杂果类包括甜玉米、菱角、秋葵等。

（二）果　树

果树可分为木本落叶果树和木本常绿果树两大类。

1. 木本落叶果树

木本落叶果树包括仁果类果树、核果类果树、浆果类果树、坚果类果树和柿枣类果树。仁果类果树包括苹果、梨、海棠、山楂、木瓜等。核果类果树包括桃、李、杏、樱桃等。浆果类果树包括猕猴桃、树莓、石榴、葡萄等。坚果类果树包括核桃、板栗、榛子、银杏等。柿枣类果树包括枣、柿等。

2. 木本常绿果树

木本常绿果树包括柑果类果树和其他果树。柑果类果树包括柑、橘、橙、柚等。其他果树包括荔枝、龙眼、枇杷、杨梅、椰子、杧果、油梨等。

此外，还有部分多年生草本果树，包括香蕉、菠萝、草莓等。

二、开化县蔬菜果树作物种植现状

（一）蔬菜瓜果

开化县以种植山地蔬菜为主，主要种类有叶菜类、瓜果类、果茄类、根茎类等，2023年蔬菜复种面积8.73万亩（1亩≈667平方米，全书同），总产量11.95万吨，其中山地蔬菜复种面积4.15万亩，大棚设施栽培面积0.51万亩，2021—2024年，全县累计建立村级蔬菜基地3000多亩，栽培种类以茄子、四季豆、豇豆、苦瓜、芋艿、冬瓜、南瓜等为主。瓜果栽培以西甜瓜、草莓和火龙果为主，2023年西甜瓜种植面积0.7万亩，总产量1.71万吨，总产值0.785亿元，其中大棚西甜瓜种植面积0.095万亩。2023年草莓种植面积0.05万亩，总产值0.075亿元。

（二）果　树

开化农户向来就有在房前屋后种水果的传统习惯，如枇杷、梨、枣、桃、柑橘。近几年来，小水果产业发展迅速，涌现出诸多水果种植大户和经营主体，主要种植品类有蜜柑、枇杷、杨梅、梨、葡萄、桃、猕猴桃、柿、枣、八月瓜、果桑、无花果等。通过推广杂柑、太秋甜柿、祁东酥脆枣、欧亚葡萄等一大批优良新品种和限根栽培、定向修剪、智能浇灌、病虫草综合防治等一批先进适用技术，果树作物的单位面积产量逐年增长，经济效益也有明显增加。2023年种植面积0.68万亩，总产量0.58万吨，总产值达0.8亿元。

第二章　主导品种

一、蔬　菜

(一)叶菜类

1. 黑叶青小白菜

黑叶青是一个具有特定品种特性和栽培技术的蔬菜品种,生产上表现出良好的适应性和全年可种植供应市场的能力,以及丰产性和优秀的品质。黑叶青耐热耐寒,能够在不同的季节和气候条件下生长,提供了稳定的市场供应。此外,黑叶青的叶色浓绿,叶面光滑,叶柄肥厚,口感突出,在市场上具有很高的竞争力。

2. 矮抗青小白菜

矮抗青品种属直立型,株高25~28厘米,开展度为29.1~30.4厘米,叶片呈椭圆形,叶柄肥厚呈青绿色,株形束腰,美观整齐。其纤维细,味甜,口感好,不仅抗病,还耐寒、耐热、耐抽薹。矮抗青喜冷凉,最适宜的生长温度为18~20℃,在充足的光照下生长最佳。它能在-3~-2℃的温度下安全越冬,也能在夏季种植。平均亩产3000~4000千克,高产田块达4500千克。

3. 早熟8号白菜

早熟8号属大、小白菜兼用型品种,比当前同类型品种品质更优、抗性更强、结球更好、产量更高。作小白菜栽培,叶片无毛,株形美观,生长迅速。作大白菜栽培,生育期约50天。

4. 浙研甜美甘蓝

浙研甜美是高品质耐裂水果甘蓝，口感甜嫩，从定植到采收生长期约75天，叶球呈扁球形，球形偏规整，球色绿，球心黄，球内协调，商品性佳，单球净重1.5～2.0千克，耐裂球性和综合抗病性强，采收期长，适合于秋季种植。

（二）果菜类

1. 新根五号辣椒

新根五号是杂交一代长羊角椒品种。中熟，分枝力好。中前期正常果长19～22厘米、粗3.0厘米左右，中辣，嫩果绿色、熟后鲜红，果面较光亮，皮薄，肉厚，耐运输，上、下果整齐，顺直。耐热、耐湿性较好，采收时间长。

2. 圣剑辣椒

圣剑是从国外引进的早熟大果型牛角椒，抗病性好。植株长势旺盛，连续坐果能力强，产量高。果皮深绿，表面光滑，条形顺直，商品性好，口感好，果长23～27厘米，果粗3.3～3.7厘米，单果重70～90克。辣味适中，抗逆性强，高抗病毒病、炭疽病、疫病，商品性极佳，产量极高，适合春秋露地、拱棚和越冬大棚种植。

3. 春研长神辣椒

春研长神属早熟特长羊角椒，果长22～30厘米，粗3.5厘米左右，单果重45～65克，株高65厘米，开展度62厘米，果绿色稍深，味微辣，皮薄肉脆，味特好，果面稍许皱，膨果快，上市早，商品性好，市场售价高，分枝强，结果多，后期果整齐，不缩小，采收期长，抗病性特强，丰产稳产，亩产鲜椒4500千克左右。

4. 衢椒5号辣椒

衢椒5号早熟、微辣、味鲜。植株长势和分枝性较强，连续坐果性好，植株生长势较强，果实呈羊角形，青熟果呈黄白色，光泽度好，老熟果呈红色，果长约21厘米，果肩宽约2.2厘米，单果质量24克左右，平均亩产2500千克左右。每百克果维生素C含量52.0毫克，氨基酸含量0.80%。

5. 杭茄716茄子

杭茄716实生苗主茎平均高度25厘米左右，生长势强，株形紧凑较直立，枝条较硬朗；多花，结果性良好，肥水充足情况下，主花和附花结的茄子都有商品价值，果实呈深紫红色，萼片呈红色，果柄长7~8厘米，果长40厘米左右，果粗2.6厘米左右，平均单果重130克左右；在温差较大情况下表皮较同类产品光滑，顺直度好，高温下不易褪色，商品果率高，商品性好。

6. 浙茄10茄子

浙茄10生长势中等，坐果率高，株高约92厘米，开展度约64厘米。花单生、紫色，花苞较粗大，花柄、花萼呈紫色。平均单株结果数37个，结果性良好，果实长且粗细均匀，果长33.7厘米，横径2.5厘米，单果重103.7克，果皮薄、紫红色、光滑油亮，外观商品性好，品质优。

该品种田间表现耐热性较强，经浙江省农业科学院鉴定，中抗黄萎病和青枯病。

7. 之豇618豇豆

之豇618植株蔓生，花呈紫色；中熟，生长势中等，不易早衰，分枝性中等，叶片中等大小，叶色深绿，呈长卵菱形；主侧蔓均可结荚，平均单株结荚14.4条，单花梗荚数2.1条，单荚种子数17.4粒；商品性佳，嫩荚油绿色，条荚顺直，粗细均匀，喙呈绿色，鼠尾少，平均荚长63.7厘米，单荚质量26.6克，粗纤维含量低，豆荚肉厚，口感糯、微甜；种子呈肾形，百粒重16.3克，种皮呈麻花状；对日照长短不敏感，中抗枯萎病和病毒病。春季露地栽培，播种至始收约66天，花后9~11天即可采收，采收弹性大。

8. 丽芸3号菜豆

丽芸3号品种植株蔓生，早中熟，生长势较强，结荚节位低；花呈紫红色，商品豆荚呈浅绿色，豆荚直、呈扁圆形，平均荚长19.6厘米；嫩荚采收期弹性较大，质地较糯、微甜、品质好。露地栽培每亩产量2670.8千克。

9. 浙蒲6号瓠瓜

浙蒲6号早熟，长势中等，叶形较小，侧蔓结瓜，侧蔓第1节即可发生雌花，雌花开花至商品成熟8~12天；坐果性好，平均单株结瓜6~7条；果实呈长棒形，上下粗细均匀，脐部钝圆，商品瓜平均长度约36厘米，横径约5厘米，果皮呈青绿色，单果重约0.4千克；肉质致密，质嫩味微甜，种子腔小，品质好，商品瓜率88%。

10. 浙蒲9号瓠瓜

浙蒲9号为早中熟瓠瓜品种，生长势较旺，连续坐果能力强，丰产性好。瓜皮呈油绿色带绿色条纹，光泽度较好，单瓜质量约0.6千克。商品瓜味鲜，质嫩味微甜，口感佳。耐贮性好；耐热性强，高温期畸形瓜比例低。夏、秋季栽培每亩产量达3000千克以上。抗枯萎病，中抗蔓枯病。

11. 浙蒲903瓠瓜

浙蒲903品种具有较强的抗逆性，能够在各种环境下良好生长；适合广泛的种植区域；外观和品质都非常优秀，适合市场销售；产量高，能够满足市场需求。浙蒲903质嫩微甜，口感佳，自带天然味精的味道；采收弹性大，耐贮性好，适合长期保存和运输。具有较强的抗枯萎病能力，游离谷氨酸含量高。

12. 早瓜领秀黄瓜

早瓜领秀属强雌性，极早熟，长势中等，抗性好，主、侧蔓均能结瓜，瓜条顺直，长约25厘米，果皮呈嫩绿色，刺少，脆甜可口，不易老化，不易硬皮变色，膨瓜快，平均亩产可达5000

千克。

13. 佳美番茄

佳美品种极早熟，粉红果，无限生长型，果实呈高圆形，光滑高丽，一般单果重280克左右，大果可达450克，肉厚0.9~1.0厘米，不容易产生裂果和畸形果，该品种皮硬肉厚，耐贮运，货架期较长，耐低温，前期产量极高，坐果率较高，适合保护地、露地种植，也可温室、大棚等保护地种植，效益良好，是目前粉红果品种中较为优秀的番茄品种。

14. 欧美红石M8番茄

欧美红石M8品种早熟，大红果，青肩，果实呈高圆形，果脐小，果硬不裂果，耐贮运，单果重250~300克，大果可达500克，大小均匀，色泽亮丽，抗病性好，产量高，一般亩产10000千克，适宜各地大棚及露地栽培。

15. 浙豌1号豌豆

浙豌1号豌豆品种冬播全生育期180天左右，植株蔓生，株高约110厘米，主、侧蔓均可结荚，每株3~5蔓，单株结荚20~25荚。茎叶呈浅绿色，托叶大，白花，鲜荚呈嫩绿色，鲜豆百粒重66克，一般荚长8~9厘米，宽约2厘米，单荚重约10克，每荚含豆7~9粒。播种至鲜荚采收需135~140天。嫩豆粒味甜，色翠绿，清香，品质佳；中等成熟时质糯。该品种田间生长整齐一致，长势较强，产量高，豆荚豆粒大，品质、抗性和适应性均较好。适宜鲜食和速冻加工。耐低温，耐贮运。

（三）花菜类

1. 浙农松花85花椰菜

浙农松花85为中晚熟松散型花椰菜杂交品种，从移栽至收获的生育期为85~96天。该品种植株健壮整齐，株形较开展，株高约69厘米，开展度约88厘米，叶片较狭长，叶缘部分锯齿，叶尖圆，叶片蜡粉中等，叶色绿。花球圆整、乳白色、松散、花梗淡绿；球茎23厘米左右，单球重约1.23千克。内松外紧，花梗淡绿，该品种综合抗性好，花球保持性好，商品性优。

2. 雪玉美松花椰菜

雪玉美松品种中熟、耐寒耐湿、抗病强、长势旺盛、矮脚、根系发达，适应性广，容易栽培管理，花球松大、花层厚、雪白美观，小米粒、花梗嫩绿，单球重1500~2200克，耐贮运，品质佳。在适宜种植区域内，品种产量比较稳定，植株生长较旺，抗逆性较好。

3. 优美青花菜

优美青花菜属中晚熟品种，耐寒性强，花蕾紧密，蕾粒细小，花蕾不易变紫色，颜色深绿，花形美观，花球重约600克，品质佳，定植后80~85天采收，春、秋、冬季皆可种植。

4. 雪宝80天花椰菜

雪宝80天松花菜品种适应范围广，花球雪白、松大。单球重1500~2500克，叶片呈绿色，长椭圆形，叶柄短宽，株形矮壮，抗病能力强，发棵快。品质优秀，食味冠群，产量丰高。心叶还有几片合包花球。定植后约80天可采收，为优良的中晚生品种。

（四）其 他

1. 永安莴笋

永安莴笋品种属中早熟类品种。具有肉质色泽翠绿、脆嫩、汁多、纤维少，茎粗、皮薄、不空心、可食用率高，香味浓郁，亚硝酸盐含量低等特点，风味独特、品质优良。

该品种耐寒性强，生长整齐，生长速度快，根系浅而密集，叶呈披针形，叶尾尖，叶面皱，有突起，叶片呈绿紫色，茎直立。膨大后形成棍棒状。肉质茎长40~60厘米，单棵重1.5~3千克。外皮呈淡紫红色，香味浓，皮薄肉绿，质脆嫩。

2. 浙萝6号萝卜

浙萝6号生长势强,生长期65天左右,收获期长。叶丛开展,花叶,肉质根呈长筒形,长35～40厘米,粗约8.0厘米,单根重1.5千克左右。肉质根白色光洁,根形匀称,须根少,较少畸形根。耐抽薹,抗病毒病和霜霉病。春季栽培平均亩产4000～5000千克,秋季栽培平均亩产约6000千克。

二、西甜瓜

(一)西 瓜

1. 8424

8424西瓜品种坐果性比较好,生长势中等,果实发育期约30天,长势稳健,单瓜重4～7千克,绿色底覆盖青黑色条纹,条带清晰美观,果实呈圆形,果皮较薄,果肉呈粉红色,外形美观,质地细松脆,品质极佳。该品种中心糖度为12°～14°,是当前长季节栽培西瓜的首选品种。

2. 甬蜜3号

甬蜜3号品种为杂交一代花皮有籽西瓜,果型中等。植株生长势中等,中抗枯萎病,抗病性和耐裂果性优于早佳。果呈高圆形,瓜色蓝绿底覆宽齿条,春季全生育期约110天,果实发育期约33天,瓤粉红,肉质酥脆爽口,品质佳,中心糖度12.6°,平均单果重5千克,丰产稳产。

3. 提 味

提味西瓜品种春季种植,全生育期115天,果实发育期约45天;植株长势中等旺盛,基本无杂株;果实近圆球形,果皮底色为浅绿色,底色覆盖墨绿色锐齿条纹,条纹宽度窄到中;单果重达5千克以上,大的可达8～9千克;果肉为粉红色,肉质细嫩松脆,多汁爽口,风味佳,中心糖度为12°～13°。

（二）甜 瓜

1. 翠雪5号

翠雪5号属中晚熟厚皮型杂交种。植株蔓生，植株生长势中等，叶片中大，节间较短。果实发育期45天左右。单果重1150克左右，果实呈椭圆形，果形指数1.34左右，果蒂部稍尖，成熟时果皮乳白色，果面光滑，完熟时果面会出现黄晕，果肉呈白色，肉厚3.5厘米左右，肉质口感松脆，风味清甜。中心可溶性固形物含量16.1%，边部可溶性固形物含量13.4%。田间抗白粉病，中抗蔓枯病，中感霜霉病。

2. 翠雪7号

翠雪7号品种早中熟，耐低温性强，植株长势较旺，田间抗性较强，易坐果。果实呈椭圆形，白皮，完熟后果面有少量细纹，白肉，蒂部果肉有一点微红。平均单果重1.5千克以上，果实发育期35~38天，中心可溶性固形物含量16%以上，具有个大、味甜、风味鲜美、肉质松脆等特点。平均亩产2000千克。

3. 浙农蜜1号

浙农蜜1号品种果实厚皮，外观呈椭圆形，果皮底色绿，果面部分网纹，果面裂纹稀，果肉呈橙色、厚度3.74厘米，种腔中，单果重约2.0千克，平均亩产约2500千克，全生育期115天，易坐果。

4. 东方蜜1号

东方蜜1号品种植株长势健旺，坐果容易，丰产性好，耐湿耐弱光，耐热性好，抗病性较强。果实呈椭圆形，果皮白色带细纹，平均单果重1.5千克，耐贮运。春季栽培全生育期约110天，夏秋季栽培约80天，果实发育期40天。果肉呈橘红色，肉厚3.5~4.0厘米，肉质细嫩，松脆爽口，细腻多汁，中心糖度约16°，口感风味极佳。

5. 东方蜜 2 号

东方蜜 2 号品种植株生长势较强，坐果整齐一致，耐湿耐弱光，耐热性好，综合抗性好。春季栽培全生育期约 120 天，夏、秋季栽培约 90 天，果实发育期 42 天左右。果实呈椭圆形，黄皮覆全网纹，平均单果重 1.3~1.5 千克，耐贮运。果肉呈橘红色，肉厚 3.4~3.8 厘米，肉质松脆细腻，中心糖度 16°以上，口感风味上佳。

6. 冰糖心甜瓜

冰糖心甜瓜品种具有坐果性好，丰产性好，耐高温，耐湿，抗病，适应性强，易于栽培等特点。果实呈苹果形，淡绿色，果重 500 克左右，成熟后变成浅黄色。不易裂果，果实整齐一致；开花后 35~40 天成熟，中心糖度 17% 左右，肉质脆甜，耐贮藏。

三、果　树

（一）木本落叶果树

1. 太秋甜柿

太秋甜柿品种具有早熟，树势强，萌芽力强，成枝力中等，花芽分化容易，结果力强等特点。而且耐贫瘠、耐干旱、抗逆性强。果实于 8 月下旬开始着色，即可食用。成熟期在 9 月中旬，最佳采收期为 9 月下旬，果实呈扁圆形，橙黄色，果顶部有细条纹，果形端正，平均单果重 310 克，最大果 420 克。果肉呈橙黄色，无褐斑，肉质脆嫩，汁多味甜。含糖量高达 18%~22%，种子少或无，品质优。

该品种病虫害主要有柿炭疽病、柿角斑病、柿棉蚧。

2. 徐香猕猴桃

徐香猕猴桃树体生长势强，枝条粗壮充实，节间中长，萌芽率 65.6%，成枝率 59.5%。以徒长性果枝着生的果实大，品质好，短果枝着生的果实小。平均每果枝结果3.9个，以结果枝第2~5节为主要结果部位。果实呈椭圆形，且果实大，品质优良，具有早产、丰产、抗病等特点。果实于9月至10月上旬成熟，平均果重82克，最大果重145克。果皮呈黄绿色，被黄褐色茸毛，果肉呈绿色，汁液多，肉质细致，具果香味。

3. 红阳猕猴桃

红阳猕猴桃又称红心猕猴桃，鲜果横剖面沿果心有紫红色线条呈放射状分布，似太阳光芒四射，色彩鲜美。该品种果形为短圆柱形，果实中大、整齐，一般单果重60~110克，最大果重130克；果皮呈绿褐色，无毛。果肉呈翠绿色，果汁甜酸适中，清香爽口，品质极优。

4. 阳光玫瑰葡萄

阳光玫瑰葡萄根系发达，嫩梢呈绿色、无绒毛，新梢嫩尖叶多为浅白色，带绒毛，新梢成熟后为黄褐色；叶片大，扇形中厚；两性花，果肉较软，有浓郁的玫瑰香味。具有丰产、稳产、大粒、抗病、耐贮性好、栽培简单等特点。一般3月上旬萌芽，5月上旬开花；8月中旬果实开始成熟。果粒着生紧密，呈椭圆形，黄绿色，果面有光泽，果粉少。果肉鲜脆多汁，有玫瑰香味，鲜食品质极优。不裂果，不脱粒，丰产，抗逆性较强，综合性状优良。

5. 祁东酥脆枣

祁东酥脆枣是鲜食枣的一种，外观漂亮，肉厚核小，口感酥脆、甜中带香。果实成熟在中秋节前后，成熟后为红色或绛红色，皮薄、核小、肉质鲜脆甘甜，富含人体必需的多种营养成分，有抑衰抗癌之功效。该品种果实呈椭圆形或长椭圆形，果面呈淡红色或黄白色，果面光滑，无锈斑或污点，晶莹剔透。

6. 湖景蜜露桃

湖景蜜露7月中下旬果实成熟。果实呈圆球形，平均果重150克，有的横径大于纵径。果顶略凹陷，两半部匀称。果皮呈乳黄色，近缝合线处有淡红霞，皮易剥离。果肉与近核处皆呈白色，肉质细腻，柔软易溶，纤维少，甜浓无酸，品质上等，素有"桃中皇后"的美誉。

7. 锦绣黄桃

锦绣黄桃果实外观漂亮，肉色金黄，果形整齐匀称，平均果重200克以上，最大果重400克左右，核小。成熟后肉质较软，食时软中带硬，甜多酸少，有香气，水分中等，风味诱人。成熟时间一般在8月中旬至9月上旬，易储藏，一般采收后可贮藏7~10天。该品种树势旺，树姿开张，1年生枝呈黄褐色，新梢呈绿色，光滑，有光泽。叶片呈深绿色，叶片平滑，呈披针形。萌芽率高，成枝力强，长、中、短枝均能结果。铃形大花，呈粉红色，雌雄蕊等高，花粉量大，自花授粉，是加工及鲜食兼用品种。以中长果枝结果为主，坐果率高，丰产性好。

（二）木本常绿果树

红美人柑橘

红美人果面呈浓橙色，果肉极易化渣，肉质细腻，高糖优质，有甜橙般香气。果肉呈橙色，口感酷似果冻，汁多味甜，品质优良，可溶性固形物含量13.2%~15.6%，转化糖含量9.33%，还原糖含量5.16%，可滴定酸含量0.93%，维生素C含量315毫克/升，可食率86.83%，出汁率56.16%。成熟时糖度达14%以上，有甜橙般香气。皮薄易剥，水分足，口感好，品质优。果实成熟期在11月下旬至12月上中旬。

四、子　莲

1. 金芙蓉3号

金芙蓉3号是目前国内口感较好的新型水果莲蓬品种。莲蓬的果实口感脆爽，味道鲜甜，莲心不苦且水分足。与传统品种相比，金芙蓉3号莲蓬"老得慢"，保鲜时间长，在鲜莲销售方面更具优势。莲蓬的大小比较均匀，且都比较大。莲子表皮呈淡绿黄色，每百克莲子含糖量5.3克，粗纤维占比0.6%。

选择藕身粗壮、节间短、无病虫害、顶芽完好的种藕，根据种藕大小调整种植密度，确保全田均匀分布。

2. 建选17

建选17号品种全生育期205天左右，花期约120天，莲子采摘期约112天。茎秆粗壮，叶色深绿，成熟叶背呈淡青色。花蕾呈长卵形，花色白爪红，叶上花，花单瓣，花瓣呈长椭圆形，雄蕊300枚以上。花托呈漏斗形。莲蓬呈扁圆形，蓬面平，心皮数较多。莲子呈卵圆形，结实率72%~85%，风味较好，出肉率高，粒大、洁白。大田生长表现为生长势强，蓬大粒多，结实率高，花期长，抗腐败病和叶斑病较强，抗倒伏强，适应性广。

选择避风向阳土壤肥沃、水源充足的水田种植。清明前后栽藕，长势旺，前期发苗快，每亩用藕量120~150支。

3. 赣莲62

赣莲62品种叶片呈圆形，分枝数中等，每蓬结莲子数25粒左右，莲粒呈卵圆形，青绿色，干种籽呈黑褐色。早熟，种植至开花56天，种植至采收莲籽85天。大田生长表现为耐涝性强，耐寒性弱，耐热性中等，抗风性中等偏强，对腐败病、蚜虫、莲根金花虫等病虫害抗性强，莲籽品质好，可套种一季晚稻。

生长期、结果期和结藕期保持浅水层，越冬期保持薄层泥皮水。6月底至9月底分次采收。

4. 京广1号

京广1号品种高约138厘米，叶柄粗约1.3厘米，叶茎约55.5厘米。花蕾呈卵形，红色，系叶上花，每亩花量5500~6000朵。莲蓬呈碗形，果绿色，种子呈卵圆形，颗粒饱满，黑色，每蓬实粒数约16.5粒，结实率85.9%，百粒重175~180克。大田生长表现为长势旺盛，花量多，结实率高，高产稳产。

施好基肥、立叶肥、始花肥、花蓬肥和壮尾肥。合理灌水，采摘后期至翌年3月，恢复浅灌水。

第三章　种植技术

一、蔬菜种植关键技术

（一）高山辣椒高效栽培

1. 品种选择

根据市场需求选用丰产、抗病、抗逆性好的品种，如湘研系列、渝椒系列、衢椒系列、采风系列、农望系列、特早长尖、丰抗等。

2. 培育壮苗

（1）苗床选择向阳避风、肥沃疏松，且3年内未种过茄果类蔬菜的地块。播种前10~15天，苗床地应施足基肥，一般每亩施腐熟人粪尿1000千克、钙镁磷肥5千克、焦泥灰100千克。

（2）播种前种子在太阳下晒1~2天，再用温汤浸种法或药剂消毒法进行种子消毒。

（3）山地辣椒在4月中旬前后播种，每亩用种量30~40克，苗床10平方米。播种前苗床浇足底水，并用98%噁霉灵3000~4000倍液喷淋苗床，进行床土消毒。将种子均匀地撒播在苗床上，用平板轻度压实，使种子与泥土充分黏合，并覆盖0.5厘米厚的营养细土。床面铺少许稻草，盖上地膜保温。

（4）当苗长出真叶2~3片时进行移苗假植，假植密度以株行距10厘米×12厘米为宜，或移栽到8厘米×8厘米塑料营养钵中培育。假植后应喷75%百菌清800倍液，或70%代森锰锌800倍液防病1次。当苗龄50天左右，长至6~7片真叶时即可定植。

3. 整地作畦

翻土晒白后，整成畦宽（连沟）1.2米，畦面中间开沟施足基肥，每亩施腐熟农家肥3000千克及硫酸钾复合肥30~40千克，然后覆土，畦面做成龟背形。

4. 定植

选择5月下旬的晴天定植，定植时力求做到带土、带肥、带药，尽量减少伤根，以缩短还苗期。每畦栽两行，每亩栽3000株左右。定植后随即浇稀人粪尿定根。

5. 大田管理

（1）施用复合肥的还苗后结合中耕追肥1次，每亩用复合肥8~10千克浇施，以利促苗，进入结果期后，每亩施1000~1500千克稀人粪尿及复合肥15千克，以后摘1~2批果要及时追肥。辣椒忌涝，因此畦沟要通畅，要求做到雨停不积水。

（2）对生长太旺的植株，要抹去门椒以下的侧枝，要求在伏旱之前割青草或稻草铺盖畦面，有条件的可采用黑色地膜覆盖栽培。

（3）病虫害是严重影响辣椒商品质量和产量的最主要因素，发病后，轻者导致辣椒光泽度差，品质下降，不耐贮运，重者造成大面积绝收。病虫防治要坚持预防为主、综合防治的方针。

6. 及时采收

辣椒一般于7月中下旬上市，一周采收1次，每亩产量可达3000~4000千克。

（二）山地辣椒栽培

1. 品种选择

选择抗病性好、果肉厚、色泽好、产量高、辣味适中的优良辣椒品种，如青云2号。

2. 播种育苗

（1）选择土壤肥沃的地块，翻耕后，每亩施商品有机肥1500千克、硫酸钾复合肥20千克作基肥，翻耙均匀后，开沟作畦，畦宽1.2米、沟宽0.3米、深0.1米，等待播种。

（2）4月中旬播种，5月下旬定植，要求苗龄45天左右。

（3）按每亩定植地块用种50~75克，备足种子。

（4）可将晒过的种子选用20%根腐灵水剂兑水浸种15分钟，再用清水洗净后播种。包衣种子不用消毒。

3. 整地筑畦

辣椒采摘期长，每亩施用商品有机肥1000千克，45%硫酸钾复合肥30千克作基肥，翻耙均匀后再开深沟、筑高畦，按130厘米垄距起垄，畦宽0.9米、沟宽0.4米、深0.2米以上，确保雨停沟干不积水。

4. 合理密植

每畦栽2行，株距30~35厘米，每亩2600~3000株。

5. 田间管理

（1）第一次追肥在定植后10天左右，每亩追施尿素5~7千克，辣椒膨大后，按照"采收一次、追肥一次"的原则，每亩每次施硫酸钾复合肥8~10千克。

（2）病虫防治。病毒病：辣椒病毒病以预防为主，初期发病可选用20%病毒A可湿性粉剂，或20%病毒灵可湿性粉剂防治。疫病可选用75%百菌清可湿性粉剂防治；每隔7~8天防治1次，连喷2~3次。蚜虫可选用10%吡虫啉粉剂防治。烟青虫可选用2%阿维菌素微乳剂防治。

(三) 蟠姜栽培

1. 抓好播种关

谷雨至立夏，蟠姜播种期管理：蟠姜种子出窖后，取健康发芽种子，于4月26日前后播种，每亩播种量200千克。

深耕整地，开好排水沟、播种沟，行距2米3行，株距2米6丛，每亩3000丛。播种后，可选用1000亿孢子/克枯草芽孢杆菌，配合50%克菌丹可湿性粉剂，或70%甲基硫菌灵可湿性粉剂，掺混细土进行撒施消毒，每亩施商品有机肥1500千克、复合肥15千克作基肥，覆土将种子、肥料盖住。

2. 抓好防晒关

夏至至小暑，蟠姜越夏期管理：6月28日前后，做好苗期采娘姜、除铲、喷药、追肥、铲平、铺草，7月11日前后搭建遮阳棚。采娘姜是采收苗期的种姜，俗称娘姜或老姜。农药选用40%噻唑锌悬浮剂，或40%喹啉铜悬浮剂防治姜瘟病，选用苏云金杆菌6号悬浮剂防治姜螟虫；追肥每亩施用复合肥30千克；铲平畦面，将垄土铲到播种沟姜苗基部；铺草用黄茅草覆盖行间；搭棚架2米高，铺遮阳网，用平针（1针）遮阳网，铺好固定。

3. 抓好旺长关

白露至秋分，蟠姜旺长期管理：9月10日前后，撤除遮阳棚，每亩施复合肥15千克作追肥，喷施40%噻唑锌悬浮剂，或40%喹啉铜悬浮剂防治姜瘟病，苏云金杆菌6号悬浮剂防治姜螟虫，培土培至植株基部，隆起20厘米。

4. 抓好收藏关

霜降至立冬，蟠姜收获期管理：10月26日前后，开始分批采收上市，或者加工腌制蟠姜销售。立冬后10天，于11月17日前后，采收蟠姜种子，储藏窖经消毒后，入窖贮藏。

（四）山药高产栽培

1. 种苗繁育

选择坐北朝南、避风向阳、肥沃、湿润、排水良好的沙质壤土作苗床，苗床宽100～120厘米，沟深15～20厘米。选择无病虫害、块茎直壮、贮藏完好的作种薯，以重量500～900克为宜。种薯先切段，后切成30～70克的种薯块，切口处均匀蘸上草木灰或钙镁磷肥后在日光下晒1～2天。3月中下旬至4月上旬催芽。选用50%多菌灵可湿性粉剂、50%辛硫磷乳油兑水喷洒已预处理的种块，按自然生长方向布置于畦面，间隔1厘米左右，覆盖焦泥灰或细土厚3～5厘米，再覆盖少量稻草。

2. 地块选择

选择向阳、避风、排水良好、土层深厚、肥沃疏松的田块。

3. 整地施肥

选择晴天深翻耕整地，整成垄宽120～130厘米、沟宽30～40厘米、垄高50厘米以上。每亩穴施腐熟的有机肥1000～1250千克，或商品有机肥300～400千克后覆土。

4. 栽培方式

传统栽培采用按株距40～55厘米，直接单行种植。定向栽培采用开下端深25～30厘米，斜度为15°～20°的平行斜沟，单行种植；株距40～55厘米，放入聚乙烯（PVC）浅生槽（"U"形槽）或硬质塑料定向槽，槽规格为长度55～60厘米，"U"形槽直径11～12厘米，槽壁开小孔，置入松软填料，盖细土3～5厘米，再覆土5～25厘米，槽上端留标记作下种时的目标。在标记处下种块，将种块放在定向槽上口间距5厘米处槽中，芽头在下端。出苗后及时疏苗补苗，每株只留壮芽1个。

5. 定　植

4月中旬至5月中旬定植。每亩栽植700～900株，下种后覆盖3~5厘米的焦泥灰或细泥土。

6. 搭　架

搭网架或用杆长2.5~3.0米竹竿（小杂木）搭架，在两株的中间垂直扦插一支杆，杆与杆中间用长杆连接加固，待蔓长30厘米左右时，引蔓上架。

7. 田间管理

（1）上架后宜人工除草。

（2）当藤蔓长到杆顶时重追肥，每亩穴施（浇施）硫酸钾复合肥15~25千克，15天后再追施1次；后期视长势而定，如整田叶色偏淡、偏黄，可以施用以钾肥为主的膨大肥。禁止使用含氯肥料。

（3）做到雨止沟中无积水，当土壤含水量低于田间持水量的55%时，应及时浇水灌溉。

8. 病虫害防治

山药的主要病害有炭疽病、细菌性顶枯病、立枯病等；主要虫害有斜纹夜蛾和地下害虫。坚持"预防为主、综合防治"的原则。优先采用农业措施、物理防治、生物防治，配套使用化学防治。

9. 采　收

10月下旬至翌年1月下旬，当山药茎叶开始落黄时，选择晴天采收。收获时用工具清除定向槽或块茎四周的泥土，再轻轻挪动定向槽或山药采收。

（五）芦笋保护地栽培

1. 生长环境

（1）芦笋既耐寒又耐热，对温度的适应性很强。春季地温回升到5℃以上时，芦笋鳞芽便开始萌动；10℃以上时嫩茎开始伸长；15~17℃最适宜芦笋嫩芽形成；超过30℃时植株生长受阻而迟缓。冬季进入休眠期。

（2）芦笋的根系发达，比较耐旱，但不耐涝，田间存在积水就容易造成根部腐烂。因此，栽植芦笋的地块，一定要选择地下水位较低，且雨季能及时排干水的地块，严禁积水或高地下水位。

（3）芦笋对土壤的适应性较广，土壤需满足土质疏松、有机质丰富、保肥保水、透气性良好等条件。芦笋对土壤酸碱度的适应性比较强，在pH值5.5~7.5的土壤均可栽培，但盐分不能偏高（0.2%），否则会影响植株的发育，使茎叶细弱，逐渐枯死。

2. 选种育苗

芦笋一年四季均可播种、育苗和定植，但以春秋两季为佳。播种育苗最好是选在连栋棚中进行，若是露地播种育苗宜掌握在清明后。春播在2—4月播种，4—6月定植，秋播在9—10月播种，于翌年春季定植。

（1）由于芦笋种子的外壳较厚，吸水较慢，因此需先浸种再催芽。可用50%多菌灵300~500倍液浸种24小时，然后将其放入25~30℃温水中浸种1~2天，每天更换新水2~3次。将浸种后的种子用干净纱布包好，置于25~30℃条件下催芽，催芽期间每天用25℃左右温水微微淋浇1~2次，当80%的种子露白即可播种育苗。

（2）育苗方式。

①营养钵育苗：可使用直径8~10厘米的营养钵。按照2∶1的比例，取菜园土、有机肥，然后捣碎捣细，用50%多菌灵500倍液杀菌消毒，拌匀组成营养土。在播种时，先将营养土装钵，然后在土壤中央扎个小洞，洞深一般1~1.5厘米，将催好芽的种子撒入洞里，最后用营养土将洞填平。

②常规方式育苗：在棚内选疏松肥沃地块，精细整地，畦宽1.2~1.5米，畦面上打出一条1~1.5厘米深的浅沟，按行距10厘米、间距4~6厘米均匀摆播催好芽的种子，盖上细土。土壤保

持湿润，春播和秋播气温低时需加盖小拱棚保温。

③两段式育苗：按常规方式育苗后，待苗长至10厘米左右时将小苗移至营养钵中培养，一钵一株苗，管理参照营养钵育苗。育苗期间，白天营养钵温度需保持在25℃左右，夜间温度保持在15～20℃，苗期追肥2～3次，以腐熟人粪尿兑水加适量含硫复合肥，切忌苗床积水。当苗龄在60～70天，每株茎数达到3～5个时，即可移栽定植。

3. 移栽定植

芦笋必须在有大棚设施的条件下进行避雨栽培。否则，极易导致病害流行。

（1）芦笋耐旱不耐涝，且栽种一茬可采收12～15年，因此，种植地块需地势平坦，地势要高便于排水，土壤的肥力、透气性较好。一般每亩施有机肥1～2吨，每亩施缓释性复合肥50千克，伴随深耕将肥料翻入土里，耕后整平地块。然后，按南北走向开沟作畦，以行距1.5米开挖定植沟，沟深30厘米。移栽前在定植沟内每亩条施45%三元复合肥30千克、饼肥75～100千克，再填土覆盖，保留定植沟深10厘米。

（2）当芦笋小苗在3～5个茎数，苗高35～40厘米时就可定植，一般每亩栽1300～1500穴。定植时用小锄覆土，然后轻轻压实，再每株浇适量定根水，提高幼苗的成活率。

4. 田间管理

（1）芦笋生长期间，需及时松土除草，每次除草后适当培土1～2厘米，逐步增加覆土高度至10厘米左右为止。可采用增添秸秆、秕谷、菌渣等覆盖物控制杂草生长，最好将清理后的芦笋残枝直接破碎后覆盖还田，也可在畦中间铺设黑色地膜防草。

（2）肥水管理。

①缓苗肥：有条件的在芦笋定植后7～10天浇1次稀粪水，以活根缓苗，提高成活率。

②促长肥：在定植初期要勤施肥，一般在每次松土除草后、新茎生长前各施1次，以腐熟淡粪水为宜，或者每亩追施复合肥5千克。随着苗株生长，需要多施草木灰、焦泥灰等含钾量高的肥料，并逐步增加用肥量，促进根盘扩大，植株粗壮有力。

③秋发肥：秋季母茎收割后还需追施一次秋发肥，一般每亩施有机生物肥250~500千克，或者是硫酸钾复合肥20~25千克。

（3）防治病虫害。

病害主要有茎枯病、根腐病等。防治茎枯病在晴天可选用50%多菌灵可湿性粉剂或75%百菌清可湿性粉剂防治，每7~10天喷洒离地面80厘米以上的芦笋主茎1次，连喷2~3次。防治根腐病可选用45%代森铵可湿性粉剂兑水向病根部喷洒或选用50%硫黄灌根。

虫害主要有斜纹夜蛾、甜菜夜蛾和蛴螬、地老虎等。夜蛾类可选用5.7%甲维盐水分散粒剂防治。地下害虫幼虫可选用90%晶体敌百虫拌在麦麸或豆饼上，撒在田间做毒饵毒杀，或者在施肥时喷洒80%敌敌畏乳油防治。成虫期可悬挂杀虫灯诱杀成虫。

（4）安全越冬。

①清园：彻底清理芦笋田，清除枯萎的芦笋茎枝及残茬落叶，有利于预防病虫害的发生。拔掉地上部茎枝完全枯萎的芦笋，然后连同枯枝落叶一并清出地块。

②地块消毒：为防治地块残存的病虫害，需要对其进行消毒处理。可喷洒50%多菌灵可湿性粉剂，或4%农抗120水剂进行消毒灌根。

5. 芦笋采收

当芦笋嫩茎长到20厘米以上，而且能看到尖端松散，这时就可以收割了。但需要注意，成年植株春季幼笋采收可持续40天左右，但定植第二年的芦笋采收期要适当缩短，一般10~15天左右。每株选留分布均匀、无病虫害、粗壮幼茎3个左右。除留足母茎外，其余幼笋全部采收，8月中旬前后停止采收，进行清棵换头，重新留养母茎，母茎留足后可根据长势继续采收幼笋。留母茎数量要根据芦笋生长年限和长势适当调整，采收期间要补接力肥。

（六）茄子高产栽培

1. 选地

茄子栽培以肥沃、富含有机质、保水保肥力强、排水良好、土壤深厚、pH值6.8~7.3的沙壤土或壤土为宜。选择前2~3年未种植过辣椒、茄子、番茄、马铃薯等茄科植物田块，最好和水稻轮作。

2. 整地施肥

（1）茄子根系发达，尤其是嫁接苗，要深翻土壤30厘米以上，促进根系向纵深发展，整地方式选择深沟起垄，畦宽80厘米，沟深40厘米、宽25厘米。

（2）茄子喜肥耐肥，结合整地重施基肥，一般每亩施充分腐熟有机肥2000千克以上，尿素4~6千克，过磷酸钙30~40千克，硫酸钾6~10千克。

3. 选种育苗

（1）选择质优高产、抗病虫性强、适应当地环境的品种。

（2）育苗前将种子用55℃温汤浸种15分钟，取出后放到湿布中，保持28℃，每天清洗种子和湿布3~4次，一周内即可出芽。在地势较高处，用肥沃的沙壤土和充分腐熟有机肥，按6：4的比例混合后加入多菌灵拌匀配成后平整作为苗床。使用温床育苗还需在苗床下铺上加热电线。将出芽后的种子均匀播撒在平整且浇足底水的苗床中，用沙子或者育苗基质覆盖后浇水，最后覆上地膜，搭建小拱棚。待幼苗长出后掀开地膜，采用见干见湿管理方式来培育壮苗。

（3）在茄子长至2~3片真叶时进行分苗，分苗土配方和育苗土一致。将作为砧木的茄子苗移栽至营养杯中，将作为接穗的茄子苗以株距8~10厘米移栽至苗床中，做好日常管理，根据长势情况结合浇水喷施薄肥如尿素、沼液，促进植株生长。

4. 嫁　接

（1）茄子重茬的土传性病害十分严重，利用嫁接可有效解决。嫁接后可使茄子外观颜色变深、着色均匀、增加单果重量，提高茄子商品性。同时，嫁接茄子水肥吸收能力强，植株长势旺盛，可明显提高产量，一般亩产可达5000千克以上。

（2）目前生产中使用的砧木主要有CRP（刺茄）、托鲁巴姆、托托斯佳、日本赤茄等。CRP是野生茄科植物，茎叶上刺较多，高抗黄萎病，在生产中应用较普遍。托鲁巴姆来源于日本，对4种土壤传播病害高抗或免疫，是较理想的砧木材料。

（3）茄子的嫁接方式主要有3种：切接法、劈接法、靠接法，工厂化生产常用切接法和劈接法。一般砧木要早于接穗播种，如托鲁巴姆砧木提前20~25天播种，待砧木5~7叶，接穗4~6叶，茎粗3~5毫米时开始嫁接。

①切接法：在砧木4~5厘米高处用嫁接刀斜切掉上部，形成长1厘米左右的30°斜面，保留2~3片真叶，将接穗在2片真叶下2厘米处向下斜切，削面长度与砧木切面长度一致，及时将切好的接穗切口插入嫁接套管中，随后将砧木切口与接穗斜面对应插入套管中，稍用力挤压使两个切面充分贴紧。

②劈接法：在砧木4~5厘米高处平切掉上部，保留2~3片真叶，不能过高或过矮，否则影响成活率，将砧木茎中间劈1~1.5厘米深的切口，选择和砧木茎粗细相近的接穗，保留2~3片真叶，在半木质化处即茎紫黑色与绿色明显相间处去掉下端，削成楔形大小与砧木切口相当，插入砧木切口中，对齐后用嫁接夹子或者嫁接套管固定。

（4）嫁接后的瓜苗温度控制在白天25~28℃，夜间18~22℃，湿度保持在95%以上，并在嫁接后3~4天全部遮光，后恢复光照。根据天气情况，在早晚空气湿度高时开始少量通风。7~10天后伤口愈合，接穗开始生长，此时恢复正常管理。及时除去砧木萌芽，在嫁接成活后10~15天即可定植，注意在定植前5~7天要适当进行炼苗，有利于定植后迅速缓苗。

5. 定 植

采用单行定植方式，嫁接茄子植株较一般茄子高大，株距要适当增加，一般保持在50~60厘米。定植时嫁接苗的嫁接处要高于地面3厘米左右，防止接穗再生根长入土中导致茄子受土传病害侵害。定植后浇足定根水。

6. 大田管理

（1）根据茄子结果位置，可概括为"门茄、对茄、四面斗、八面风、满天星"5个阶段。

①整枝：采用双主枝整枝方式，在门茄下部保留一条靠近门茄附近且较粗壮枝条作为另一主枝，门茄下部其他枝条全部摘除。在对茄开花后可陆续在植株旁边插上竹竿并绑枝，防止植株倒伏。在四门斗阶段，要根据植株结果情况，减去枝条徒长枝条，不留空枝，集中营养保障结果。

②摘叶：摘叶一般从门茄开花5~7天后即门茄坐住后开始，从最下部老叶开始向上摘除，优先考虑摘除病叶、黄叶，摘叶要保证每个茄子下面有两个功能叶，采收后循序摘除，不要一次性摘除过多叶片。茄子要在晴朗天气用剪刀将叶片剪掉，留1厘米长叶柄在枝干上，让其自然脱落，剪掉的叶片要及时带离基地处理。

③疏果：春季栽培茄子一般不留门茄，因为在门茄结果时期，温度较低，植株生长缓慢，保留门茄不利于培育壮枝，影响后期产量。在管理中遇到畸形果也要及时疏除。在茄子"八面风"和

"满天星"阶段，果实的品质会有所下降，此时根据茄子植株长势和结果情况对弱果进行疏除，保留好果。

（2）根据天气和缓苗情况，在茄子定植3~5天后，浇足缓苗水，之后在门茄坐果前，采用见干见湿浇水方式，培育壮苗，期间可根据植株长势追施1~2次尿素，每亩施用10千克。在对茄坐果后，植株对水分、氮、钾需求量大大增加，要加强水肥供应，每隔5~6天灌水1次，每隔两周每亩追施复合肥15~20千克，保证结果期水肥供应。在生产中，水肥管理也可根据茄子的开花结果特性进行适当调整，一般开花期不浇水，提高茄子坐果率，茄子采摘前三天浇足水促进果实生长、提高果实品质。

（3）保花保果。

①控旺：生产过程中，若植株营养生长过旺容易出现坐果率降低情况。通过喷施磷酸二氢钾控旺扶壮，提高坐果率，必要时喷施多效唑等生长抑制剂。

②降温：茄子适宜温度为25~30℃，在温度超过35℃时，会降低植株坐果率，形成畸形果，可在10:00—16:00搭建遮阳网进行降温。

（4）植株修剪。

①首次修剪：时间一般在立秋至处暑之间，将对茄以上10厘米枝条全部剪除，剪去枝条带出田块，并在伤口处涂上防感染药剂。若地膜内杂草较多，还需在茄子修剪前揭膜除草。在植株修剪后，在相邻植株中间处深挖30厘米开沟，每亩施尿素、硫酸钾各20千克，一方面深挖断根可促进新根萌发，另一方面施足底肥可促进新枝条迅速萌发。新枝条萌发后选留不同方向均匀分布的5~6个侧枝作为结果枝，待植株半数见果后参照修剪前管理。

②二次修剪：设施栽培中，茄子可进行多年生栽培，第二次修剪后翌年可继续生产。但茄子属于喜温作物，露地栽培不开展第二次修剪和管理，山区冬季温度偏低，茄子越冬设施栽培也需要加温，成本较高，所以不建议第二次修剪。

7. 病虫害防治

（1）茄子的病害有褐纹病、早疫病、绵疫病、灰霉病、黄萎病、枯萎病、根腐病、轮纹病、黑枯病、菌核病、斑枯病、炭疽病、青枯病、软腐病等，其中黄萎病、绵疫病、褐纹病是主要病害。

（2）为害茄子的重要害虫有蚜虫、红蜘蛛、蓟马、粉虱等，主要为害叶片会造成发黄、萎缩和变形，严重时会导致叶片干枯直接影响光合作用和坐果率，特别是在茄子首次修剪后若不及时控制虫害，会导致茄子大幅度减产。根据具体发生的害虫种类可选择吡虫啉、阿维菌素、哒螨灵、噻虫嗪等进行防治。

（七）丝瓜露地栽培

1. 选　　址

丝瓜生长喜湿喜肥，最佳选址为肥力高、保水性较强、土壤深厚的沙壤土或壤土田块。丝瓜在葫芦科中属较耐连作蔬菜，但连作对其产量和病害发生仍有较大影响。尽可能不选取前两年种植过丝瓜、西瓜、香瓜、黄瓜、南瓜、冬瓜等葫芦科蔬菜的田块。

2. 整　　地

根据丝瓜生长习性，整地方式选择深沟高畦，畦宽120厘米，沟深、宽各30厘米，开沟要注意中间稍高，向两边逐渐降低，有利于丝瓜前期生长时田块排水，更好配合丝瓜前期壮苗见干见湿的管理方式。待丝瓜进入开花期需再次平沟，沟深保持一致，保证开花期田块沟内均匀续浅水。

3. 基　　肥

按照每亩使用1000~1500千克充分腐熟有机肥，耙地平整后开沟条施和25千克左右含硫复合肥和50千克三元平衡复合肥。

4. 选种和育苗

（1）优良的品种是作物高产、优产的基础，要选择耐热性强、抗病虫性强、质优高产、适应当地环境的丝瓜品种。

（2）将丝瓜种子用55℃温汤浸种15分钟后冷却，再用常温水浸泡4~6小时，用湿布包裹，在28~32℃条件下进行催芽，每天用温水清洗种子和湿布，一周左右露白。将育苗基质用多菌灵粉剂消毒后加水至基质可手握成团程度，装入营养杯中。每个营养杯播种1粒露白后的丝瓜种子并浇足底水。在适宜温度下，3~5天即可出土，出苗后采用见干见湿控水原则，保证壮苗。待丝瓜苗长出2~3片真叶，炼苗一周后即可移栽。

5. 定　植

将平整好的畦面铺上黑膜，可有效保水防草，增强植株长势，促进丝瓜提早开花结果，有条件的可使用双色膜，银膜朝上，黑膜朝下，可有效提高丝瓜光合作用，增加产量。采用一畦双行定植方式，每穴定植1株瓜苗，株距50~60厘米，浇足定根水后不再浇水，根据定植植株情况，一般6~7天后再浇缓苗水。

6. 田间管理

（1）瓜蔓长至30厘米左右开始搭架，常用竹竿搭"人"字形篱笆架，一般搭架在田沟之间，结果期可在畦面上采摘丝瓜，便于操作。伸蔓期一般每隔2~3天绑蔓理蔓1次。及时梳除下部老叶和侧蔓，一般100厘米以下不留侧蔓，并在侧蔓结2~3个瓜后摘心，促进侧蔓更新，在结果盛期根据植株长势适当剪除部分侧蔓、过密叶片。

（2）在定植成活后若有条件可结合浇水追施10%浓度左右沼液作为提苗肥，或每亩施用3~5千克尿素，促进苗株生长。在开花坐果前，适当控制水分，防止植株旺长，促进开花。在开花结果期，需水量大，要保证田块供水，避免土壤水分含量出现大波动，一般在沟内留浅水。待第一批丝瓜采摘后要及时追肥，每亩结合浇水施用15千克复合肥，此后在结果盛期每5~7天追施5千克速效肥。

（3）丝瓜开花结果期最适宜温度为25～30℃，在保证水肥的情况下，夏季丝瓜开花结果十分旺盛。

①控旺：要控制氮肥用量，通过弱枝摘心方式，控旺扶壮促进开花，也可喷施硼酸，必要时喷施多效唑等生长抑制剂。

②降温降光：丝瓜是适宜25～30℃生长的短日照植物，在高温和长日照情况下不利于开花和雌花分化，在高温期间10：00—16：00搭建遮阳网降低温度和光照。

③激素调节：在苗期不建议用激素进行调节。在开花期前可喷施硼酸优化花芽分化，促进开花。若在丝瓜结果期出现阴雨天气，导致丝瓜授粉不佳，出现化瓜情况，可用氯吡脲喷雌花提高坐果率。

（4）病虫害防治。

①病害防治：丝瓜苗期主要防治猝倒病和立枯病，可每隔7～10天选用喷噁霉灵和多菌灵可湿性粉剂混合溶液进行防治，连续防治2～3次。目前许多丝瓜品种均有较强抗病性，定期预防的病害主要是疫病和霜霉病，在阴天降雨后要对霜霉病进行防治，每隔20天对疫病进行1次防治。

②虫害防治：丝瓜害虫主要有瓜绢螟、黄守瓜、潜蝇、蓟马、实蝇、瓜蚜等，应及时使用阿维菌素、溴氯虫酰胺、吡虫啉等广谱性杀虫剂或特效药轮换喷洒防虫治虫。

（八）芋头高产栽培

1. 土地选择

最好选择土壤疏松肥沃、有机质含量高、保水保肥能力强，前茬是甘薯、花生等作物的田块，不宜种在玉米、高粱等禾本科作物茬上。其中，土壤的质地对芋头品质的影响最为直接。芋头最忌重茬，一般连作一年就会造成20%～30%的减产。

2. 整地施肥

冬前或早春进行深翻30～35厘米晒垡，可以使土壤疏松、透气、保墒，而且还能有效地防治地下害虫，要求熟土在上，生土在下。播种前开展第二次翻耕，翻耕前在土层面上按每亩施500~1000千克有机肥和100千克复合肥的标准，全田撒施并施足基肥，将肥料全部均匀混入土中，也可将复合肥施于待整的畦面上，集中利用。

3. 开沟作垄

通常按行距50~60厘米测算，畦宽应以80~100厘米为佳，沟宽30厘米，沟深15~20厘米。采取覆膜技术，白膜能提高早春地温，提前出苗，但中后期膜内杂草较多；通常以黑膜为多，能有效防除田间杂草。

4. 选种催芽

定植前可采取保温催芽，即在种植前20天左右进行晾晒催芽，之后置于催芽畦或拱棚中，保证20℃温度持续2周左右，约有1厘米芽尖时，就可以进行种植。适度催芽可缩短大田出苗时间，采用覆膜技术种植的也可以不催芽直接播种。

5. 适期播种

芋头种子发芽起始温度在13~15℃，低于该温度就不宜种植，否则会造成烂种而影响出芽率。一般而言，在清明后至5月间均可种植，但也不能过迟，以防止后期温度升高，影响出苗。

6. 适量播种

不同品种用种量不同，一般每亩用种量在100~200千克，应选择大小适度，个头均匀新鲜有活力的健康良种。

7. 合理密植

一般种植密度行距55~60厘米，株距25~30厘米，每亩种植3000~4500株。具体视品种发棵特性及田块肥力水平酌情而定，肥力高适当稀植；反之则适当密植。

8. 大田管理

芋头种植后大田管理的重点是要做到科学浇水、施肥和做好病虫草的防治工作。

（1）芋头对于水分的需求量较大，即便是旱芋也是如此。但芋头不同生长期对水分的需求又各不相同。发芽期和长苗期叶片尚未完全展开来，土壤保持湿润即可。到了茎叶生长旺盛阶段，由于光合作用水分蒸发较快，就需要经常浇水，考虑到芋头的生长特性，可以采用沟水流动灌溉的方式。到了采收前期，要尽量减少浇水，降低土壤的湿度，以促进根茎膨大和易于收获。

（2）芋头整个生长阶段，需要完成1次基肥、4~5次追肥。基肥要以有机肥料为主，搭配使用氮、磷、钾肥。等长到4~5叶时进行追肥，按照每亩5~8千克尿素和5~10千克复合肥，进行水肥浇灌。接着在分蘖期、膨大期、生长接近后期分别进行追肥，追肥可以采用复合肥搭配农家肥施用。

（3）在芋头叶片封垄前，要及时做好大田前期的人工除草，防止草荒草害。结合除草充分做好基部培土，尤其在膨大期的时候，要及时培土以消除裸露块茎，创造块茎膨大的土壤条件，提高块茎的大小和品质。

（4）芋头生长在地下，极易受到蛴螬、金针虫等地下害虫以及蚜虫、斜纹夜蛾等害虫的为害，其次是疫病、软腐病、黑斑病、炭疽病等病害。要避免连作和混种，选择抗病性强的品种，采取健身栽培，可以有效降低病害的发生概率。同时，在不同的阶段要做好不同病虫的防治，5月要重点抓好疫病防治，可选用80%代森锰锌可湿性粉剂，或25%甲霜灵可湿性粉剂进行喷施。6—9月，随着田间郁闭度增加，要重视软腐病和其他病害的防治，发现有软腐病植株要立即拔除带出田外。同时，选用氯溴异氰尿酸进行灌根并结合用铜制剂类兑水后进行喷雾。7—8月，要重视斜纹夜蛾的防治，一旦田间低龄若虫较多出现，立即用甲维盐类药剂全田喷施，防治虫害成灾；高温干旱时蚜虫易发，选用吡虫啉进行喷施，尤其是害虫高发期，要增加喷洒量和频次。

（九）秋番茄露地栽培

1. 基地选址

秋番茄栽培以肥沃、保水保肥力强、排水良好、土层深厚、pH值为6~7的沙壤土或壤土为宜。选择前2~3年未种植过辣椒、茄子、番茄、马铃薯等茄科植物田块，最好和早稻轮作。

2. 整地与基肥

（1）整地。将田块深耕25~30厘米，促进根系向纵深发展，选用高畦栽培方式，畦宽120~150厘米，畦高30厘米。

（2）基肥。结合整地按照每亩使用3000~5000千克充分腐熟有机肥、30千克三元平衡复合肥、50千克过磷酸钙或钙镁磷肥、2千克硼砂。

3. 选种和育苗

（1）要选择耐热性强、抗病虫性强、质优高产、早熟的品种。

（2）秋番茄育苗时间在7月中旬左右，秋番茄育苗为方便定植可采用穴盘育苗。将用多菌灵或百菌清粉剂拌匀后的育苗基质土加入适量清水至手握成团状态，装入穴盘中。将番茄种子用55℃恒温水浸泡30分钟，其间不断搅拌，捞出晾干后，按1穴1颗进行播种，浇足水，盖上0.5~1厘米厚度基质，用木片刮平。在出苗后要采用见干见湿的水分管理措施，防止徒长，培育壮苗。当出现叶片瘦小发黄、生长缓慢等营养不良情况，可用0.5%磷酸二胺叶面喷施1~2次；当植株出现徒长情况，可用矮壮素或0.2%磷酸二氢钾喷施1~2次。育苗时间25~30天，番茄苗长至3~4片真叶后定植。

4. 田间管理

（1）将平整好的畦面附上黑膜，可有效保水防草，增强植株长势。采用一畦双行定植方式，在晴天傍晚，最好是阴雨天气定植番茄苗，适当密植，株距30~35厘米，浇足定根水，后根据天气和定植植株情况，浇缓苗水。

(2)植株调整。

①整枝:秋番茄的整枝方式一般采用两种,一种为单干整枝法,只保留主干,抹除所有侧芽,其优势为番茄单个较大,品相更好;一种为改良式单干整枝法(一杆半整枝法),其优势为提前番茄上市时间,增加20%~30%产量,其方法为在第一花序下选留强壮侧枝,待侧枝开花坐果后摘心留两片功能叶。

②摘心:秋番茄一般留3层穗果,若为无限生长型番茄,在第三穗开花结果后留2~3片叶摘心;若为有限生长型番茄,其在结完第三穗果后生长点会自动消失无须摘心。

③打杈:在番茄生长过程中,对于多余侧枝要进行抹除,一般在侧枝8~10厘米进行打杈为宜。

④摘叶:在第一穗番茄转色(由青变白)后,在晴朗天气将第一穗番茄下部老叶逐步摘除,不可一次性摘除造成植株损伤,保留一片功能叶用于根系供养。在第一穗番茄收获后,可根据番茄长势梳除部分第二穗番茄老叶、病叶。

(3)在第一穗番茄开始膨大前,应采用见干见湿的栽培方式,培育健壮植株。在第一穗番茄开始膨大后,要增加水分供应,保证土壤湿度稳定,同时追施一次催秧催果肥,每亩可追施高氮中磷高钾复合肥25千克。在第二穗果和第三穗果进入膨大期后,可各追施一次中氮低磷高钾复合肥,每亩施用25千克。在番茄结果盛期,若番茄叶片老化过快,可用0.2%~0.3%尿素和0.3%磷酸二氢钾进行叶面喷施。

(4)保花保果。

①控旺:若番茄出现旺长情况,容易出现少花或不开花情况,可用磷酸二氢钾和硼酸喷施叶面,进行控旺,促进开花。

②激素调节:在番茄开花期用番茄灵喷花,可提高番茄坐果率。若番茄在膨大期或转色期发生脐腐病,可用螯合钙加萘乙酸进行喷施叶面、果面进行防治。在第三穗果转色期由于温度降低可能无法转色,可使用乙烯利进行催化转色,也可采摘青番茄进

行销售。

5. 病虫害防治

秋番茄栽培主要病害有褐斑病、青枯病、病毒病等，秋番茄主要害虫有白粉虱、蚜虫、棉铃虫等。要及时使用对口农药轮换喷洒防病治虫。

（十）子莲优质高产栽培

1. 莲田选择

莲田宜选择交通便利，水源、光照充足，土层深厚，肥力中上，排灌方便，pH值6~7，有机质含量3%以上，无污染的黏质土水田。种植前为绿肥田或冬闲田；夏季水源不足的田块不宜种植。

2. 整　田

惊蛰后开始整田，一般要求做到三犁四耙，其质量要求是田平、泥烂、草尽和肥融。耕作层深度以30厘米左右为宜。冬闲田在前茬作物收获后要及时冬翻晒垡，春节前灌水完成二犁二耙，冬耕可熟化土壤，增强地力和减少病虫害。到春季再整田和施足基肥，并修补、加固和加宽田埂。前茬为绿肥或油菜（当绿肥用）的莲田不能冬耕，立春后根据作物生长情况施适量追肥，促进绿肥生长，到栽种前半个多月（约3月中旬）就可适时翻沤，绿肥过多时，应先割除一部分再翻沤。绿肥田春耕时，最好每亩施生石灰40~60千克，促使绿肥腐烂分解，中和土壤的酸性。最后一次犁耙，尽可能做到现犁耙、现栽种藕。

3. 基　肥

基肥要结合翻耕，在整田时一次性施入耕作层内充分混合均匀，每亩施入腐熟的猪牛粪2000~3000千克，或生物有机肥1000千克，另加菜饼肥150~200千克。酸性土壤每亩增施50千克生石灰，使土壤pH值调到6~7.5。缺磷田块，每亩基肥中一定要施过磷酸钙或磷钾复合肥50~100千克；缺钾田块，每亩可增施氯化钾10~15千克、硼砂2千克。

4. 栽种时间和方法

（1）清明前后当气温稳定在15℃以上时就可适时移栽种藕。最适栽种期一般为4月上中旬，若提早栽种需采用地膜保温栽培。前茬为油菜的莲田，种藕须在寄栽田内假植，谷雨后待油菜收完、整好田后再定植。

（2）以藕枝粗壮、节短、呈米黄色、顶芽侧芽完整无缺的一年生藕枝，且适合当地种植的优良品种作为种苗。种藕必须在上一年选定的留种田内挖取。挖藕工具主要有藕锹和藕铲等。起藕后的藕坑和小埂子要及时平整。种藕表面应稍带泥，后把留"关门节"，以免泥水灌入。

种藕必须具备本品种的特征，藕粗壮无损。无病虫害，并要求不少于3个节间；选好的种藕，如用草绳捆绑，顶芽应朝内，互相交叉，头对头地捆成圆捆，以防碰断顶芽。每捆重量10~20千克；种藕捆好后应存放在阴凉通风处，不能堆放过高，一般只堆放2~4层；如有阳光直射，必须遮阳。种藕也可用竹篓、纸盒或木箱包装；装藕时也要藕头对藕头，防止碰断顶芽。

（3）按种藕数量和路程远近分别采用肩挑或车、船等运输工具。运输时藕也不能堆放过高，并要轻拿轻放；途中还要注意勿损伤和暴晒种藕。

（4）从挖藕至栽藕不宜超过6~8天；有条件种藕栽前最好用1%生石灰水浸泡10分钟，或选用70%甲基托布津可湿性粉剂，或50%多菌灵可湿性粉剂兑水成1000倍液喷淋后闷种12个小时进行消毒。

（5）种藕每亩栽150~200支（土肥条件好的莲田可适当减少）为宜，行距不小于2米，株距可根据种藕大小适当调整密度，确保全田均匀分布。连作多年的莲田，如密度过大，一定要采取间挖，或抽鞭（挖出的藕鞭可做蔬菜用），或间灭，或疏荷，或在营养生长中期用机耕船将田内莲叶全部耕入泥内等措施。否则，莲群会退化，并严重影响开花结实和莲藕单产。

（6）早春天气多变，必须抓住晴暖天气边挖种藕边移栽，最好当天突击栽完。目前最常用的是"对厢法"，即靠近田埂四周的一圈种藕的顶芽全部向田中心，其余的种藕分行排列，田块的一半与另一半相对，中心的两行行距加大到3~4米。栽藕前一天或当天上午进行最后一次犁耙。

为了促进发芽，栽藕常用斜栽法，即在栽藕时把种藕放在事先按株行距和种藕大小挖好的藕坑内，藕头稍向下倾斜，使顶芽斜插入泥中，后把接近泥面或稍露出泥外（前后倾斜20°~30°角），每亩有360~450个顶芽。种藕上的幼叶应尽量保留，如叶柄较长，栽藕时可让幼叶露出泥面或水面。藕栽下后，上面只要盖10~20厘米厚的土，使藕不漂起即可。深水栽藕，要穿只露头部的橡皮下水衣，先用脚挖藕坑，然后潜水用手栽种。另外，也可用草绳把2~3支种藕扎成捆，并附草圈，栽时用叉篙叉着草圈慢慢使劲将种藕斜插入泥内。栽藕时要按株行距插好标志，以免重栽或漏栽。栽后在田边再假植一些种藕供补苗用。

5. 田间管理

（1）苗肥要早施，在莲藕长出第一片立叶时，施苗肥，每亩用三元复合肥20~25千克，在立叶一侧6~9厘米处深施。花肥要适时多次分施，在莲藕长出第3片立叶时，施用始花肥，每亩用尿素5~10千克深施。莲子花芽分化高峰期，应重施花莲肥，以促进花多、蓬大，提高结实率和百粒重。子莲生育周期长，需肥量特别大，应在芒种、夏至、小暑时各施一次肥，每亩每次用三元复合肥15千克全田撒施。在大暑时每亩再用三元复合肥20千克加硼砂5千克，再全田撒施一次。在花果期提倡用0.01%天然云薹素和1%磷酸二氢钾进行2~3次根外追肥，谨防早衰。

（2）种藕栽下时，水深3～10厘米即可。寒潮来临前，可适当加深，寒潮过后仍灌浅水。以后随着植株生长逐步灌水，至开花结实期水位要平稳，水深一般保持20～30厘米（浅水植莲）或60～100厘米（深水植莲）。灌水时一次不宜超过4厘米，以免淹坏刚出水的小花蕾。结藕期水深可减至10～20厘米（浅水植莲）或30～40厘米（深水植莲）。浅水植莲，在高温伏旱、水温超过35℃时，要灌微流水，叶面上可喷水，使其降温和增加湿度。越冬时，水深5～10厘米即可，但不能断水，结冰期间水深可适当增加。

（3）及时开展化学和人工除草。栽后7天内，选用50%扑草净可湿性粉剂除草，保持水层静止7天左右；根据田间莲和杂草生长情况，立叶出现后要及时开展中耕除草。第一次耘田除草后每隔10～15天耘1次，至莲株封行前，可中耕除草2～3次，地下旱藕开始坐藕时停止中耕除草。中耕除草方式可根据当时莲叶间隙大小，采用人工翻耕或用手扯脚踩。操作时不要损伤植株。对易复活的水草如菰、双穗雀稗和喜旱莲子草不能踩入田土内，发现野莲和已衰退的家莲应及时清除。大力推广放养"夏花"草鱼，除草效果较好。

（4）营养生长期，藕鞭的分布和走向不符合要求时就要转藕鞭，即及时调整藕鞭的走向。其目的，一是不让快接近田埂的藕鞭穿出田外，从而增加莲、藕产量，二是调整莲叶密度，使其在田内分布均匀。在生长盛期每隔2～3天，即应转梢1次。转藕鞭应在晴天下午藕鞭较柔软时进行，藕鞭也要挖得长些（顶芽后带1～2片立叶），使其不易折断。

（5）老种藕腐烂时的分解产物对莲有害，藕鞭也不穿入老种藕腐烂区内，从而减少了有效种植面积（5%～10%）。所以，在种植面积不大时，最好在5月上旬至6月上旬把已开始腐烂的老种藕挖掉。

（6）当藕叶布满藕田时，须将遮蔽在立叶下层的浮叶摘除，以提高莲田通透性。

（7）莲田放蜂可明显提高莲的结实率和单产，并增加莲花粉和王浆的收入。一般在开花结实期每30～45亩配置1箱蜂，通常在500米范围内蜜蜂活动频繁，传粉效果好。由于莲无花蜜，故对传粉蜜蜂要加强喂养，一般每晚每群喂糖水比为1：1的糖浆0.5千克，这样可同时生产花粉和王浆。莲田及其周围农田喷施农药时要防止蜜蜂中毒。

（8）莲叶是进行光合作用的主要器官，其制造的养料除供应本身外，大部分都输送给同一节上的花芽，为其良好的发育提供足够的养料。故在营养生长时期要防止损伤立叶，以免影响同节上花芽的正常发育。

开花结实期，莲株封行后，如莲叶过密（总叶面积为水面的5倍以上），应适时、适量摘除部分浮叶和无花（或死蕾）立叶。枯叶、死花也应及时摘除。摘下的莲叶可踩入土中作肥料，或另作他用（摘叶时切勿损伤植株）。

采莲时，如立叶仍较密，可每采一蓬，随手摘除同一节上的立叶。摘叶可使田内通风透光，减少养分无效消耗，并使养料集中输送到花果中去。从开花结实后期开始，应保护所有绿叶，防止莲群早衰，提高莲子和种藕的质量。发病田块不宜摘叶，以免病菌从伤口侵入传播疾病。

6. *病虫综合防治*

子莲的主要病害为腐败病、疫病、叶枯病；主要虫害为莲蚜、斜纹夜蛾。

对于腐败病、叶枯病，移栽时可选用70%甲基硫菌灵可湿性粉剂，或70%托布津可湿性粉剂进行浸种，将种藕浸种消毒20～30分钟后捞起晾干，再移入大田。发病初期可选用70%噁霜灵可湿性粉剂拌细土全田撒施。对于病害严重的田块抓住5月上中旬及6月中下旬两个时期集中防治，方法为：将荷田水位控制在10厘米，挡住来水，选用80%代森锰锌可湿性粉剂，或45%咪鲜胺兑水稀释后均匀泼浇在田中，7~8天后再照常管理。

斜纹夜蛾，根据3龄前幼虫的群集性，可选用5.7%甲维盐微乳剂，或25%溴氰菊酯乳油喷杀。防治莲蚜虫，可选用40%乐果乳油，或25%吡蚜酮可湿性粉剂防治。

7.适时采收

子莲采收时间一般为7月上旬至10月上旬。当莲蓬变为绿褐色，莲子表面有茶褐色时，即可采收。当天采摘的毛莲子当天加工出通心白莲。梅莲于大暑开始采收。伏莲于立秋到白露采收。秋莲于秋分后采摘。完全干燥后，捡出色黄、干秕与质量低下、易发生霉变的莲子。7—9月是采莲旺季。收壳莲要采黑褐子时期的莲蓬，加工通心莲要采紫褐子时期的莲蓬，当鲜果生食要采青绿子时期的莲蓬。

（十一）草莓育苗和大田栽培

1.培育草莓壮苗

（1）选择品种纯正、生长健壮、无病虫害、有4片叶以上、根系发达的草莓植株作为生产用母株。此外，繁殖用母株应取自繁殖圃内当年繁殖的健壮匍匐茎苗或假植苗，是脱毒苗。如果是脱毒苗用原种苗，或用一代苗。

（2）繁殖应选择光照充足、地势平坦、排灌方便的地块。要求土质疏松，有机质含量丰富，一般前茬是小麦、瓜类、豆类、菜园地为宜。选地后，清除枯枝杂草，集中堆沤处理。

母株定植前一周施足底肥，每亩可施优质腐熟有机肥1000千克以上，平衡型复合肥50千克，过磷酸钙30~40千克。整地前，先把肥料和农药均匀地撒于地面，然后翻耕、整地，畦面宽1.2米左右，苗地四周开深沟，方便排灌，畦沟相连。整畦结束时，畦面喷施50%丁草胺300倍液抑制杂草。雨水较多或排水较差的地方适合采用高畦繁殖草莓苗。在畦的中间铺设1条滴灌带，两侧各铺设1~2条滴灌带进行滴灌。在母株定植前先洇畦，保证草莓母株定植时"湿而不黏"即可。

（3）春季栽植，以3—4月上中旬定植为宜。一般当日均温度大于10℃时定植母株。

①繁苗母株用25%吡唑醚菌酯1500倍液及生根剂浸根处理，放置阴凉处晾干后移栽定植。

②双行定植，株距80厘米，或单行定植，株距60厘米，一般每亩栽800~1100株。

定植时去除老叶。母株在栽种之前应注意根系保湿。栽植深度为"深不埋芯，浅不漏根"。

③栽植后要立即浇1次定根水，水下渗后及时将倒伏的秧苗扶正，并将裸露的根系用泥土埋严，将埋住苗心的土壤去除，并用清水冲净，要保持土壤湿润，以促发匍匐茎。

（4）草莓育苗原则是"前促后控"，即前期5—6月应保持土壤湿润，适时追肥、喷施赤霉素，促发匍匐茎；后期7—8月适当控制肥水、控制苗高，促进花芽分化、培育壮苗。

①缓苗后每亩穴施（距繁苗母株根部20厘米处）氮、磷、钾含量各为15%的三元复合肥5~6千克，5月底和6月中旬在上午露水干后或傍晚再撒施6~8千克。对红颊和章姬品种，施肥要实行"前促后控"措施，4—6月是子苗繁育的主要阶段，肥料应适量多施，7月以后要控制苗的生长，肥料尽量少施或不施，忌施氮肥过多造成莓苗旺长，影响花芽分化，此期可叶面喷施0.3%的磷钾源库或0.1%~0.3%的磷酸二氢钾，有利于秧苗健壮和花芽分化。

②草莓根系浅，应注意见干浇水，小水勤浇。梅雨季节要注意排水防涝，7—8月高温干旱季节必须抗高温干旱保苗。

③繁殖地土壤肥沃，前期空间大，极易产生杂草，繁殖苗圃管理的主要任务是中耕松土除草。中耕的深度为2~3厘米，同时除去杂草。在匍匐茎大量发生前，除草2~3次。草莓子苗生长阶

段，中耕除草时要结合植株调整进行，注意不要对子苗造成机械性损伤，或拽动子苗，影响其生根。

④在匍匐茎发生前需及时摘除老叶、病叶，以减少营养消耗和病虫为害，应在整个繁育期内不断进行。当子苗布满畦面时，要及时剥除老叶、细弱和多余的匍匐茎，保证通风透光，每次每株苗留3~4叶为宜。

随着新叶的发生和秧苗的生长，每个母株均会很快吐露多个花序。花序和花蕾的生长发育会消耗大量水分和养分，严重影响母株的营养生长、匍匐茎的抽生和子苗的产量，因此当母株秧苗吐序现蕾时应及时摘除已吐露的花序。

⑤当匍匐茎长至30~40厘米时，应开始引茎压蔓。引茎可使匍匐茎分布均匀，避免交叉重叠，影响子苗生长。当每株有40~50株子苗且子苗已经达到繁殖系数，即可对匍匐茎进行摘心并将匍匐茎剪断，使子苗独立生长。以后再抽生的匍匐茎应及时摘除，以减少养分消耗，促进已形成的匍匐茎的生长，提高匍匐茎苗的质量。

⑥当母株达到生长旺盛期时喷施1~2次赤霉素，可促使母株秧苗早发、多发，增加匍匐茎苗产量。

对长势旺的苗地，可选用15%多效唑悬浮剂，或12.5%烯唑醇可湿性粉剂兑水后均匀喷洒草莓苗叶面1次，控制长势，视苗情隔15天可再用1次。

（5）病虫害防治应遵循"预防为主、综合防治"的防治原则，优先选用农业、物理、生物等绿色防控措施，合理使用化学农药。

（6）每亩育苗数量控制在5万株左右为宜，7月底至8月初，将母株挖除。

2. 大棚栽培草莓

（1）假植地土壤消毒后，作畦宽1.7米、沟深0.3米假植畦，选择三叶一心，无病虫害子苗，按行株距10厘米×10厘米移植到假植畦上，浇水并用遮阳网覆盖促使成活，追施一次稀人粪肥。

（2）草莓园应选择光照充足，地势较高、地面平坦、排灌方便、土壤疏松肥沃的位置和地块。

（3）大棚规格大小应以6～8米宽为宜（以8米为佳）。材料宜用竹、钢管等材料制成。单体棚和连栋大棚均适宜种植，单体棚具有省钱节本、便于单个管理等优点，连栋大棚则有利于农事操作，适宜较大规模发展。

（4）定植地准备。

①土壤消毒：轮作法：5—8月中旬草莓田空闲时期，种植一季水稻或其他不利于病菌生存的作物。太阳热能消毒法：清除田间杂草杂物，施下有机质肥，适量灌水后用农膜严密覆盖7～10天。药剂消毒法：翻耕土壤后，每亩施用棉隆或石灰氮40千克，保持土壤湿润，然后用农膜覆盖闭密7～10天，或其他土壤消毒剂进行土壤消毒。

②施足基肥：每亩撒施商品有机肥500千克、菜子饼肥100千克、三元复合肥15～20千克，然后翻耕、耙平。

③开沟作畦：畦面宽50厘米，沟底宽30厘米，沟深30厘米，畦面呈龟背形，作畦应在定植前15天完成。

（5）正常年份在9月上中旬定植，气温特高年份适当推迟种植时间，以减轻炭疽病为害。

（6）选用茎粗，根系发达、抗病能力强的无病虫壮苗，生产出的草莓个大、产量高、品质优。

（7）定植时苗要求均匀一致，每畦种双行，三角形种植，株距25厘米，苗短缩茎的弓背部朝沟，苗颈部与土面平，每亩栽5000～6000株。定植后及时浇水，以后早晚各1次，直至成活。

（8）定植后的苗期管理直接影响到成苗率高低，从而决定每亩产量的高低。

定植期温度较高，若畦面泥土发白，应及时浇水缓苗，保证成活率。草莓植株成活后和地膜覆盖前及时疏松土壤和除草，整理畦面，以利于覆膜。

缓苗后，定植太深的植株，扒除根颈部土壤，及时把老叶、病叶和匍匐茎摘除。顶花序抽发前，只保留一个顶芽，顶花序抽生后，选两个方位好而粗壮的分蘖芽，其余除去。当每花序果实采收结束时，及时把花茎摘除。叶片挡住果实的光照时，应及时整理。及时疏花疏果，疏除4级以上花和果，每花序保留3~5个果。

（9）大棚膜后管理。当日最低气温降到10℃时，加盖大棚膜保温，铺设软管滴管后覆盖地膜。大棚内气温降到5℃时，在大棚内增设一层小拱棚膜或二道膜保温。大棚膜应选择聚乙烯无滴保温或EVA膜。地膜应为0.03~0.05毫米的黑色不透明聚乙烯膜或黑白双色膜。

大棚内湿度一般控制在80%以内，切忌湿度过大。

地膜覆盖前用0.3%复合肥浇施，每亩用量10千克。在各花序顶果开始采摘和采摘盛期分别追肥1次，每亩用量为复合肥10千克。根外追肥可用磷酸二氢钾和多元素肥等，有条件的可采用水溶性肥进行滴灌追肥。

顶花序抽发前，只保留1个顶芽，顶花序抽生后，选两个方位好而粗壮的分蘖芽，其余除去，当每花序果实采收结束时，及时把花茎摘除。及时疏花疏果，疏除4级以上花和果，每花序保留5~7个果。草莓开花期，每个大棚放养1箱蜂，以利授粉，减少畸形果。

（10）病虫害防治。草莓主要病虫害有炭疽病、灰霉病、根腐病、白粉病、蚜虫、红蜘蛛、蓟马等，要遵循"预防为主、综合防治"的原则，及时做好农业防治、生物防治和化学防治。

（11）在大棚内增设内膜保温，做好防冻保护。勤通风换气。草莓应随采随销，不能立即销售的，应置通风、凉爽、洁净处存放，或0~2℃冷藏。

（十二）大棚小西瓜长季节栽培

1. 培育壮苗

（1）选用8424、提味、甬蜜3号等品种。

（2）每亩用种量300~400粒。选用3年以上未种过西瓜的稻田土，加10%腐熟农家肥、0.1%高磷复合肥配置营养土。早春利用三棚四膜覆盖保温及电加热技术育苗，提高棚温，克服早春低温障碍，缓解小西瓜生长所需温度不足的矛盾。

2月中旬播种，播后用噁霉灵3000倍液浇营养土防猝倒病，并用草木灰覆盖，苗龄控制在45~50天。

2. 栽培地准备

（1）西瓜设施栽培地要求土壤疏松肥沃，土地平整，排灌、交通、电源方便。

（2）以6米或8米宽的单体棚为宜。材料宜用竹片、钢管等制成，竹片大棚省本，钢管大棚相对牢固，使用期长，主体或农户可以结合自身情况具体选择。

3. 整地作畦

翻耕前施足基肥，每亩撒施腐熟菜籽饼100千克、有机肥500千克、复合肥25千克、钙镁磷肥15千克，深翻耕后按南北走向开沟作畦，6米大棚作2畦，畦宽2.8米，两畦中间开一条沟，沟底宽30厘米；8米大棚作3畦，中间开两条沟。

4. 定植

（1）定植前一周加强通风炼苗。

（2）瓜苗长到3~4片真叶，棚内10厘米土壤温度稳定在15℃以上，棚内平均气温稳定在18℃以上，凌晨最低气温不低于5℃时，可在冷空气过后的晴天及时定植。

（3）株距45~55厘米，每亩定植300~400株。

5. 田间管理

（1）夏季梅雨季节保留顶膜避雨栽培，减少病害发生，为西瓜的生长发育提供必要条件，实现提前或延后上市。

（2）每批西瓜采摘后及时追加平衡肥，在西瓜膨大期追施2~3次硫酸钾复合肥，每次10~15千克。如是通过水肥一体化施肥技术的，要控制好用水量和用水时间，其间要结合药剂防治喷施2次或以上含中微量元素的叶面肥，以增强植株长势。

（3）早春采用多层覆盖技术，加强夜间保温，夏季则加强通风，利于防病，最后一茬瓜收获后再进行闷棚防病杀菌。

当主蔓长出3~4张叶片时打顶，保留其中的2~3个子蔓，其余的子蔓、孙蔓要及时抹除。早春栽培的第一批瓜应保留在第15个节位上坐果，有利于坐瓜和提高瓜的品质（蔓长约1.5米左右）；第二批瓜应选择在离幼瓜前面有8~10节完整绿叶位上留瓜较好，或者是重发蔓的12~14节位为宜。以后的几批都可参照第二批坐果位来留瓜。

在控制留瓜数量上，早春的第一批瓜原则上要少结瓜，每株结1.5~2个瓜。第二批瓜保持第一批瓜量，第三、第四批瓜正处高温季节，每批瓜生育期较短，应尽量少坐瓜，以保蔓为主，第五、第六批可适当多坐瓜，具体因蔓势而定。第一批瓜早春的气温通常偏低，雌花形成较少，质量差，自然坐果率低，可用坐果灵喷雌花子房，也可采用人工授粉的方法保果。大棚小西瓜可以连续坐果结瓜，若处理得好，可一直延续到10月底至11月中旬，最多可以收6~7批次瓜。

（4）病虫害防治。主要病害有蔓枯病、炭疽病、疫病、病毒病，主要虫害有蚜虫、瓜绢螟、红蜘蛛、潜叶蝇、斜纹夜蛾等。

在幼苗期、茎蔓伸长期，各喷洒1次农药，配方可选用2.2%甲维盐微乳剂、80%敌百虫粉剂、75%百菌清可湿性粉剂配成混合液，在坐瓜中后期，连续喷洒2~3次，农地乐1500倍、好润

800倍或甲基托布津混合液，可防治各种病虫。防治时混合氨基酸钙800倍同喷，效果更佳，既能强化防治虫的效果，又能促壮茎蔓，提高坐瓜率，增加产量，提高品质。

（十三）雷竹种植

1. 雷竹林地选择

雷竹的适应性较强，适宜林地一般控制在海拔500米以下，1—4月平均每月降水量不低于100毫米，雨量充沛（春天多雨笋大，秋天多雨笋多）。种植的土地属沙质黄壤、黄红壤，pH值4.5~7，土层较厚，疏松肥沃，排水良好。背风向阳、光照充足，坡度5°~15°的丘陵缓坡地，坡位以下坡为好，有充足水源可以利用的地方最为适宜。同时，要求生态条件良好，远离污染源，并具备有可持续性生产能力的农业生产区域。

2. 林地整理

全面开垦造林地，深度30厘米，清除石块、柴根、敲碎土块，每隔10~20米左右开设40厘米宽深的纵向排水沟。同时，每亩挖穴100~120个，穴长55厘米，宽40厘米，深30厘米。

3. 母竹移栽

造林时间可选择春季（2月）和梅季（6月上中旬）。移母竹造林的密度每亩100~120株。

母竹年龄以1~2年生为好。母竹胸围2~4厘米，留枝5~7档，砍梢后高度在3.2米以下；留鞭长度：来鞭10厘米左右，去鞭20厘米左右。

栽植时母竹要带泥球，竹鞭平置，深度在20~30厘米鞭土密接，酌情浇水，种后打好桩柱防风防倒。为加速成林，栽前每穴应施15千克腐熟的有机肥作基肥，其上覆盖5~10厘米的表土，摊平踏实，再种植母竹。

4. 幼竹管护

（1）母竹栽后若遇天晴不雨，土壤干燥应及时浇水，浇水以浇透为好，不宜少量多次；在多雨季节，林地积水时应开沟排水，以防林地积水烂鞭。沟宽40厘米，深50厘米，有利于排水和通风。

（2）幼竹林一年3次，2月浅削3~5厘米，5—6月深翻15厘米，9—10月松土5~10厘米，松土削草可与施肥结合进行。

（3）一年3次。2月每亩施氮肥10~20千克，沟施；5—6月每亩施复合肥15~30千克，撒施，深翻入土；9—10月每亩施腐熟的畜禽粪350~700千克均匀撒施。

（4）造林当年长出的笋应少留养为好，第一年每株母竹可留新竹1株；第二年留2株，主要靠扩鞭；第三、第四年每年每亩留新竹200~300株，第五年按成林标准留养。留养新竹应留离母竹远的、留生长势强的、留林地空档的、留林缘的，以提高新竹的质量，促进林地立竹分布均匀。

5. 成林培育

（1）松土一年2次结合施肥进行。5—6月深翻30厘米左右。9—10月浅削5厘米左右。

（2）施肥一年4次。提倡配方施肥。氮：磷：钾＝4：1：2，磷、钾施用量超标竹子容易开花；必须高度重视施用菜饼、羊粪、牛粪等有机肥。

2月底每亩施尿素或复合肥20~35千克，可结合挖笋或冲水浇施，以补充竹株养分，催笋长笋。6月每亩施生物肥200千克，或腐熟厩肥70千克，撒施林地，深翻入土中20~25厘米，以恢复竹林生长，促进竹林发鞭。8月下旬至9月每亩施尿素或复合肥35千克，雨后撒施，浅削入土中，或冲水浇施，促进笋芽分化。12月每亩施新鲜厩肥3000千克，可铺施林地表面，以提高土温，促进地下笋芽生长。对实施早出高产高效技术的竹林，该次施肥时间应在覆盖前。

（3）时间在出笋盛期，留养密度为每亩300～350株，留养原则同幼林新竹留养。

（4）成林竹园立竹密度保持在每亩800～1200株，立竹年龄结构为一年生30％，二年生30％，三年生30％，四年生10％，4年生大部及5年生全部老竹除林地空隙处保留外，其余均在5月上中旬深翻时连蔸挖去，使竹林结构保持年轻合理，新竹枝下高较低。

（5）7—8月高温干旱期、8月底至9月初笋芽分化期和11—12月笋芽生长期，如天气久晴不雨，土壤缺水应进行浇水，以浇透为宜；6月梅雨期如天气久雨不晴，土壤积水应开沟排水。

（6）雷竹竿脆鞭浅，遇大风大雪极易倒伏折断，应在每年4—5月，新竹停止高生长展枝后进行钩梢，通过钩梢，形成倒挂杨柳形健壮竹。钩梢程度一般不超过竹冠的1/3，留枝12～15档，冬季如遇到大雪天气，要及时摇落竹梢上的积雪。

6. 覆盖增温

覆盖时间一般在11月上中旬至12月上中旬。覆盖材料可选择竹叶、砻糠或竹叶、稻草、竹叶、麦麸等。覆盖前每亩铺施新鲜厩肥3300～5200千克，撒施复合肥50千克。施肥后用水将林地浇透，浇水后立即进行覆盖。覆盖方法可采用麦麸1厘米加稻草10～15厘米加砻糠/竹叶15～20厘米；或麦麸1厘米加砻糠/竹叶30厘米，其厚度30厘米左右。

11月上中旬覆盖后20天左右开始出笋，12月上中旬覆盖35～40后开始出笋，应注意及时进行采收。3月初未覆盖的雷竹开始出笋时即可逐步清除覆盖物，尽量留养新竹，转入常规栽培。

7. 复壮改造

退化竹林的复壮改造措施主要是：深翻清园，调整立竹密度；开沟排水，降低地下水位；及时清除覆盖物，减少土壤表层的有机物残存；土壤盐碱化需要加施酸性肥料；土壤酸化，每亩需要加施生石灰500千克；科学管理，合理施肥，及时防治病虫害；采用轮作形式，覆盖三年后，休息二年，让其自然生长，促进竹林恢复。

8. 病虫害防控

积极防病治虫，做好病虫预测预报，根据各种病虫特点及时防治，以避免对竹林造成危害。

（1）病害。竹枯梢病：全面清除林内病竹、病枯枝梢，在林地外烧毁；5—6月选用50%多菌灵可湿性粉剂喷雾，一周1次，连喷3次。

竹竿基腐病：清除林内病竹，减少侵染源；出笋前在林内撒生石灰每亩250千克或笋周围铺撒黄心土，可减轻发病。

（2）虫害。竹小蜂：成虫羽化期，可选用2.5%敌杀死乳油防治，每隔3～4天喷雾1次，连续3～4次；3月、5月中旬，用10%吡虫啉5倍液每株注射2毫升；受害严重竹株，老竹更新时将枝叶清出林地外烧毁。

竹笋夜蛾：出笋前对竹林下和周边的禾本科杂草喷2.5%敌杀死乳油，或20%杀灭菊酯乳油，7～10天喷1次，喷2～3次。

二、果树种植关键技术

（一）太秋甜柿丰产栽培

1. 园地选择

太秋甜柿适应性广，对环境要求不严。在低海拔的山区能正常脱涩、着色，表现早熟、品质优。在山坡、杂地及稻田等均可种植。园地应选择空气清新、水源清澈、土壤未受污染的园地。用野柿作砧木的树主根分布深，须根少，要求土壤深厚、疏松、地下水位在1米以下，排水良好，略偏酸性的沙壤土最佳。

2. 合理定植

根据园地大小，合理设置道路和灌排水沟。常规栽培株行距为4米×4米，每亩栽植40株。按设置的株行距定点放样，然后挖深60~80厘米、长和宽为80~100厘米的定植穴，每穴施用腐熟厩肥50千克加钙镁磷肥或过磷酸钙1千克。定植时将根系舒展，边填土边将苗木上下稍稍提动，填土高度以苗木根颈高于地面约5厘米为宜，并在四周筑起土埂，浇足定根水，用稻草覆盖树盘。种植时间11月下旬至翌年2月底前为宜。

3. 强化土壤管理

（1）定植后第二年应在种植穴以外挖1条宽0.6~0.8米的壕沟，每株分层压埋土杂肥40~50千克、杂草或绿肥25~50千克、石灰1.2千克、饼肥2~3千克。2年内完成扩穴改土，以改善土壤理化性状，为根系生长创造疏松透气的土壤条件。

（2）2年的幼龄树施追肥应薄肥勤施。3~6月宜每月施1次肥，以氮肥为主，一般每株施尿素0.1千克；7月以后以磷、钾肥为主，可每株施多元复合肥0.1~0.2千克。成年结果树每年施肥3次：萌芽肥以氮为主，在3月初施入，每株施尿素0.5~1.0千克；壮果肥以磷钾肥为主，在6月上中旬生理落果结束后施入，每株施多元复合肥1~2千克；采果肥在采果结束后施入，可与基肥一起施入，每株施农家肥25~50千克、尿素0.5~1.0千克、磷肥1.0~1.5千克，沿树冠滴水线开深30~50厘米、宽30~50厘米的环状沟施入，并及时覆土。同时在整个生长期结合喷药或单独进行根外追肥，可选用0.3%~0.5%尿素加0.2%~0.3%磷酸二氢钾或微生物液肥或其他叶面肥料进行喷施。

4. 培养丰产树形

（1）苗木定植后，距地面40~50厘米定干，在主干离地面20~25厘米处选留第一主枝，其上每间隔10厘米左右配置分布均匀的第二、第三主枝，主枝分枝角度45°，在每个主枝左右间隔40~50厘米选留2~3个副主枝，每个副主枝间隔30~40厘米选留2~3个侧枝。如分枝角度太小，可采取拉枝的办法矫正。

（2）夏季生长期修剪主要采取抹芽、摘心、拉枝和扭枝。冬季修剪幼龄树对主干和主侧枝延长枝实行适量短截，对结果母枝实行长放，对病虫枝、过密枝、竞争枝、重叠枝、交叉枝进行疏删；对结果后的衰弱老枝进行回缩更新。

5. 加强果实管理

（1）甜柿一般着果率较高，但生理落果较严重，必须加强保花保果措施。可在盛花期喷施0.2%硼砂加0.3%~0.4%尿素加0.2%~0.3%磷酸二氢钾液，或30~50毫克/千克的"九二〇"进行保花保果，以提高坐果率。对于开花较少的旺树，可在盛花期后进行环剥或环扎处理以提高坐果率。

（2）对结果过多的树在第一次生理落果后进行疏果，疏除小果、畸形果、并生果、病虫果。一般中长果枝上保留2~3个果，短果枝留1个果，保持叶果比（15~25）：1，且果实在树冠内均匀分布。套袋在第二次落果结束后（约在6月上中旬）进行，套袋前全园需喷施1次高效、低毒、低残留、杀虫、杀菌剂防病治虫，套袋材料可用单层白色防水纸袋。

6. 病虫害防治

太秋甜柿的病虫害主要有角斑病、炭疽病、圆斑病、刺蛾、介壳虫、柿梢鹰夜蛾、金龟子、天牛等。冬季刮除枝干上的翘皮、老粗皮，剪除病虫枝、病果，将落叶集中烧毁；在天敌发生期，禁喷杀虫剂；生长季及时摘除病虫果集中烧掉；生长后期在树干上绑草把，诱杀越冬害虫。

萌芽前喷3~5波美度石硫合剂，防治角斑病、圆斑病、炭疽病、柿蒂虫、柿绵蚧等；4月中旬至5月中旬盛花前，喷10%吡虫啉可湿性粉剂，或1.8%阿维菌素乳油防治介壳虫、柿小叶蝉、柿梢夜蛾等；6月上旬至7月下旬，每隔15天交替喷施80%代森锰锌可湿性粉剂，或70%甲基托布津可湿性粉剂，防治角斑病、圆斑病、炭疽病；9月果实采收后，每隔15天与杀菌剂交替喷施10%吡虫啉可湿性粉剂，或1.8%阿维菌素乳油，或40%速扑杀乳油，连喷2~3次，防治柿蒂虫、柿绵蚧、小叶蝉、柿梢夜蛾等害虫。

（二）桃树高产栽培

1. 园地选择

交通便利，灌溉条件好，土层深厚、疏松肥沃的沙质壤土或轻沙壤土，pH值在5.5~7.5的山地、平地均可栽种。

2. 选用良种

桃树品种种类繁多，目前开化有南方水蜜桃、黄桃和少量冬桃系列种植，主栽品种有湖景蜜露、迎庆桃、锦秀黄桃、锦香黄桃、秋红、冬雪脆桃等，6—10月均有鲜品上市。

3. 栽种密度

桃树的栽种密度根据保留树形情况而定，开心形的桃树株行距为4米×4米或4米×5米，"Y"形的桃树种植株行距为3米×4米或2米×4米；目前也有一些地方的果农采用主干型矮化密植栽培法。

4. 定　植

定植前挖直径80厘米、深60厘米的定植穴或定植沟，穴内施入足够的农家土杂肥或腐熟的有机肥、饼肥等，上面覆盖一层约15厘米厚的土层，避免根系直接接触肥料。定植最佳时间为12月至翌年2、3月。定植后一次性浇足定根水，并在周围一圈覆盖防草布或杂草，以利于成活和防草，以后逐年人工辅助根系向穴外扩穴。

5. 肥水管理

（1）定植第一年春季施第一次肥，以后40天追施1次，每次每株施尿素15~25克、过磷酸钙10~15克,如有稀薄人粪尿浇施则更佳。6月上旬停止施肥,以控制枝梢旺长。到9月下旬时再施秋季肥1次;翌年1月、4月、7月、10月,每隔3月施肥1次,适施含硫复合肥或氮、磷、钾单质肥配合施用。

(2)桃树定植后的第四年进入丰产期,需肥量增大。一年中需施肥3~4次,即第一次于1月中下旬施好促芽肥,以速效氮肥为主,每亩施尿素25千克,再增施有机肥1000千克,采用绕圈挖浅沟施入后覆土法,以提高肥料利用率;第二次于5月上中旬施好壮果肥,促进果实膨大和花芽分化,每亩施尿素40千克,硫酸钾5~8千克,过磷酸钙30千克;第三次施肥于9~10月施用(早中熟品种),施足基肥,每亩施尿素20千克,过磷酸钙50千克。

冬桃品种由于挂果时间长,需肥量大,8月底至9月初再补施1次防脱力肥,具体用肥量可视树叶绿色程度酌情而定,到11月再施足基肥。

(3)在1月结合施基肥时进行。实行定植穴定植的果园应逐年向外扩穴,穴深60~80厘米、宽30~40厘米,分层压入园内杂草、作物秸秆、土杂肥等有机肥和氮磷钾肥。

(4)4月上中旬正值开花期,若遇长期无雨应及时引水灌溉促进开花。5月中下旬进入高温后,用杂草覆盖桃树根部保墒。多雨季节尤其是梅雨季节要及时做好园地清沟排出积水,严防长时间渍害,从而影响桃树根系生长。7—10月极易遭受持续高温干旱,要高度重视早晨或傍晚的浇水抗旱,防止果实膨大期严重缺水,有条件的基地要实施水肥一体化灌溉技术。

6. 整 形

桃树整形以开心形和"Y"形两种类型为主,各有所长,但衢州地区以开心形为多见,其方法是:定植当年留40~60厘米定干,在主干上选留3个长势均衡的枝条作为三大主枝,基角为40°~50°,将其余枝和梢用手抹去,在主枝长至30厘米左右时摘心促进分枝，并选择顶部芽为延长枝梢。冬季修剪时对延长枝留40~50厘米短剪，侧枝留30厘米左右短剪，2~3年定型，每主枝上再配备侧枝3~4个，在侧枝上配备结果枝组。

7. 修　剪

（1）培育主枝，培养树型。夏季对辅养枝适时扭梢、扭枝、摘心可促使其早成花。冬季时疏除部分密生枝，轻触长枝，多长放，少短截，以扩大树冠和提早丰产。

（2）冬剪时对树冠外围的延长枝适当回缩短剪，使树冠紧凑，行与行间保持50~60厘米的通风透光带。对过密枝适当疏除，树体应保持外稀内密，主枝少，侧枝多，有利丰产，冬剪要结合果园冬季清园，在当年12月至翌年1月完成，最迟在春节前。夏季修剪于5—8月进行，具体修剪要视树势而定，主要是疏除过密和过多的新梢，使树体通风透光好，从而提高结果和果实品质。

8. 花果期管理

（1）疏果一般在4月中下旬至5月中下旬，分2批进行。第一批疏果在落花之后2周左右，主要疏除并生果、畸形果、小果、双果（2选1）、黄萎果、病虫果等；第二批疏果也称定果，一般在落花后4~6周（硬核期）进行，具体视品种熟期迟早而定，早熟早定，迟熟迟定，冬桃品种可适当推迟定果。定果时应根据单株树干大小、承载能力、目标产量、枝条长短等来具体确定挂果总量和枝头结果数。

（2）套袋具体时间视品种生育期迟早而定，一般定果后即可套袋。可实行分批套袋，套袋前一天喷1次80%代森锰锌1000倍加2.5%敌杀死3000倍的混配液，或选70%甲基托布津1500倍加5%功夫3000倍的混配液，做到当天能套多少喷多少，以预防套袋期间病虫为害。果袋选用外层黄白色、内层黑色的双层双色袋，要用纸质中厚、柔韧而不渗水的优质纸袋，套袋过程中还可摘除漏疏的劣果。

9. 病虫害防治

桃树主要病虫有：桃叶穿孔病、炭疽病、褐腐病、缩叶病、疮痂病、桃蛀螟、桃潜叶蛾、刺蛾、桃小食心虫、红颈天牛、桑白蚧、蚜虫、粉虱、螨虫等。4月上旬防治蚜虫和桃蛀螟，5月上旬至6月上旬重点防治炭疽病、褐腐病和桃叶穿孔病，同时做好蚜虫、螨虫、桑白蚧的药剂防治工作。11月重点预防桃缩叶病等病害。

10. 采 收

早熟品种一般在6—7月成熟，中晚熟品种一般在8—9月成熟，迟熟品种在10月上中旬成熟。分别于采收前10～15天拆开套袋，让桃子通过太阳着色，以提高糖分含量及商品性。

附：桃树周年农事管理

1. 萌芽前（3月）

（1）解冻后及时刨树盘，以疏松土壤利于根系伸展。

（2）3月下旬至4月上旬追施萌芽肥（氮肥为主）灌水。

（3）萌芽前喷3°～5°石硫合剂，防细菌性穿孔病、缩果病、炭疽病。

2. 花期（4月）

（1）下旬花后追肥灌水（水量小一些）；人工授粉疏花。

（2）每隔10～15天喷1次叶面肥（尿素、磷酸二氢钾、微肥等）。

（3）防治蚜虫、细菌性穿孔病等。

（4）谢花后可以每隔10天喷1次氨基酸微肥500倍液加磷酸二氢钾300倍液，连喷3～4次，可减轻桃尤其是晚熟桃裂果并可增产。

3. 新梢速长期（5月）

（1）疏果、早熟品种果实套袋。

（2）上中旬开始夏季修剪（摘心、环缢、捋枝等）。

（3）中下旬施硬核肥，施后灌水松土。

（4）下旬中晚熟品种完成套袋。

（5）防治主要虫害桃瘤蚜、桃蛀螟、桃潜叶蛾、桑白蚧、桃小食心虫

第三章　种植技术

等；主要病害桃疮痂病、桃细菌性穿孔病、桃炭疽病、桃褐腐病等。

4.果实膨大期（6月）

（1）完成第一次夏季修剪。

（2）果园覆草。

（3）下旬施用果实膨大肥，开始采摘早熟品种。

（4）防治主要虫害桃瘤蚜、桃蛀螟、桃潜叶蛾、刺蛾、红颈天牛、桃小食心虫等，以及主要病害桃炭疽病、桃褐腐病等。

5.花芽分化期（7月）

（1）结合墒情进行灌水和松土。

（2）上旬进行第二次夏剪。

（3）喷药防治潜叶蛾等病虫害。

（4）7月中下旬开始采收中熟品种（湖景蜜露、新凤蜜露、大团蜜露等）。

6.新梢停长期（8月）

（1）中晚熟品种成熟采收。

（2）防治二代桃小食心虫等病虫害。

7.果实采收期（9—10月）

（1）早熟品种早施基肥。

（2）叶面喷肥和杀菌剂，保护好叶片。

（3）喷药防治病虫害（梨网蝽、潜叶蛾等）。

（4）10月下旬秋剪嫩梢。

8.落叶期（11月）

（1）施足基肥。

（2）全树喷1次40～50倍的高浓度半量式波尔多液防治桃缩叶病等。

9.休眠期（12月至翌年2月）

（1）当年12月至翌年1月清理果园（清除老、病枝、叶，刮除翘皮）。

（2）一般在春节前完成冬剪（幼树以整形为主，成年树以均衡树势、维持高产稳产为主）。

（3）涂伤口保护剂。

（三）桑果高产栽培

1. 选地建园

果桑园基地宜选择地势平坦、排灌方便、通风向阳、无菌核病的地块。土壤以壤土为主，pH值6.5~7，土层厚度大于50厘米。

为方便田间管理，果桑园需根据地形地势划分作业区和道路系统。其中平地作业区以15亩为宜，山坡地作业区划分应注意水土保持。道路系统由主路、支路和作业道组成，主路贯通全园，作业区之间设支路并与主路相通，作业道根据需要设计。

果桑园应建立适当的排水和灌溉沟渠，便于调节土壤水分，有条件的果桑园可安装节水灌溉设施，且园内排水沟应略高于园外主排水沟，并与之相通，做到排水顺畅。

2. 桑苗栽植

采用嫁接果桑苗，苗木须规格整齐、生长健壮、主根完整。栽植时间一般为11月下旬至翌年3月底。

先开40厘米×40厘米定植沟，每亩施优质腐熟农家肥3000千克、复合肥50千克，上覆10厘米左右的表土。

露地种植密度150株，行株距1.5米×3米；大棚种植密度220株，行株距1.2米×2.5米。栽植前，剪除果桑苗60~70厘米以上嫩弱部分，根系剪留20厘米，定植时将苗木放于填平的定植沟内，并将根系理顺使其向四周伸展，扶正、填土、轻微上提，略高于地面，然后培土踩实，浇透定根水。

3. 整形修剪

定植后的苗木在距地20~25厘米处定干。当年一般每株萌发新梢5~6个，新梢长至20厘米时摘心。第二年采果结束后，结合整形进行夏季修剪，留3~4根支条养成第一支干，高度65~70厘米。萌发的新梢即为翌年的结果结母枝。

桑果采收完成后，夏季修剪宜早不宜迟，以保证新梢有充足的时间生长，积累营养进行花芽分化。夏剪后10～15天即有大量芽萌发，应及时抹芽定梢，每枝保留3～5个新梢作为来年的结果母枝。第三年采果后，离地面100～120厘米剪伐定拳，每株养成8～12拳，每个拳上保留3～4根新梢，每亩条数5000～7000枝。

冬季修剪在果桑完全落叶后至桑芽萌动前进行，以剪去未木质化的新梢2～30厘米为好。进入盛果期，每年剪除枯死枝、病枝和过密枝，回缩下垂、过长、细弱枝，促进隐芽萌发，保留内膛萌蘖结果枝，更新树冠，复壮树势。

4. 大田管理

（1）从桑果着色期开始，摘除遮挡果实受光的叶片，促进桑果着色。同时摘除弱小果、发育不良果和病果。

（2）春剪后萌芽期和夏剪后萌芽期两个时期出现干旱，应及时补充水分。果桑不耐涝，雨季要及时排水，防止园内积水成灾。在桑果着色至成熟期间需水量较大，注意灌溉补水。

（3）与普通叶桑相比，果桑强调氮、磷、钾配合，多施有机肥及磷钾肥。氮、磷、钾肥的比例为5∶3∶4。

①春肥在发芽前施入。3月初，每亩施复合肥30千克。始花期和幼果期可分别叶面喷施一次0.25％的磷酸二氢钾与天然芸苔素混合液。用氰满素或氰氨基化钙喷湿桑树，促进开花结果，可调节产期。

②4月中下旬，桑果开花结果的青果期，每亩施进口复合肥20千克，促使幼果迅速膨大；5月上旬，桑果膨大至转色成熟期，每亩施进口复合肥20千克，或钾肥20千克，以提高桑果的含糖量和色泽。另外，每隔10天左右用0.3％磷酸二氢钾叶面施肥。

③一般夏伐后以施氮肥为主，配施磷钾肥，有条件的可施腐熟有机肥。第一次在夏伐后每亩施复合肥30～50千克，第二、第三次分别在7月中旬和8月下旬至9月上旬，每亩施复合肥15千克。冬肥则以施有机肥为主。

5. 病虫害防治

为害果桑的害虫主要有桑螟、桑叶虫、桑天牛、桑瘿蚊等。病害主要有菌核病、褐斑病、炭疽病、白粉病等。

（1）菌核病。果园清园。2月中旬至下旬桑树发芽前，选择晴天或多云天气，用3°~5°石硫合剂进行白条防治1~2次。注意枝条要喷湿。

3月上旬到3月下旬，桑树初盛花期至盛花期进行药剂防治。药剂可选用42.4%唑醚·氟酰胺健达悬浮剂，或43%氟菌·肟菌酯悬浮剂，或70%甲基托布津可湿性粉剂防治。要求每个果喷湿，每5~7天防治1次，共3次。注意应在采果前半个月停止喷药。以上农药每2年左右轮换使用。

（2）桑瘿蚊。5月中旬摘心。夏伐后土壤用药，消灭虫蛹。可用50%辛硫磷乳油结合翻耕撒入地中。6月下旬、7月下旬、8月下旬，选用40%乐果乳油，或80%敌敌畏乳油，或40%灭多威可湿性粉剂喷施顶芽。

（3）桑螟。冬季清园，束草诱集越冬幼虫。6月下旬、7月下旬、8月下旬，选用50%辛硫磷乳油，或50%敌敌畏乳油，或20%灭多威可湿性粉剂防治。

6. 采　收

（1）采果。采果时选采适熟果，采下的鲜果及时上市或加工处理，禁止挤压、堆沤。

（2）采叶。春蚕小蚕期配备小蚕专用桑园，果桑园用叶宜在采果后采叶，可全部采完。晚秋蚕结束后，新梢上宜留7张以上叶片为好，以保持充足的光合作用。

（四）中秋酥脆枣栽培

1. 生长环境

枣树在土壤pH值5.2~8.0的各类土壤均可正常生长，但最好选择土层深厚、光照充足、排灌方便、交通便利、无环境污染，且日照条件达6个小时以上地方为宜。

枣树枝芽可耐受−13℃温度，温度高于−13℃的地区枣树均可正常生长。枣树对湿度的适应范围较广，在年降水量100~1200毫米的区域均有分布，花期对湿度要求较高，授粉受精的适宜湿度70%~85%。

2. 幼苗质量

选择生长健壮、节间粗短、根系发达、无病虫害的2年生壮苗，苗木高度30厘米、粗度在0.8厘米以上，春季萌芽前1周栽植。同时保证品种纯度。

3. 定干种植

园地深挖撩壕至深、宽各0.8米，表土、心土分开堆放，心土与有机肥混合后施入，每亩施入有机肥2750千克、磷肥55千克，或每株施用有机肥25千克、磷肥0.5千克。种植密度平地栽种100株，山地栽种110株左右，行距南北行向，行株距3米×2米，保持光照。苗木植入后，回填表土压实，种植墩高出地面30厘米，土层下沉后略高于地面，并浇足定根水。

中秋酥脆枣定干高度位于嫁接口上30~40厘米。

4. 结果树施肥

深秋或早春对距枣树主干1米处至树冠投影外围区域耕翻25厘米，促使根系下扎，增加土壤通透性，消灭土中越冬害虫。

（1）枣树秋季（9月下旬至10月上旬）施基肥，基肥应以有机肥为主，适当掺入一定量的氮肥和磷肥。1~3年生树，每年每株施栏肥10~20千克，过磷酸钙0.3~0.5千克。一般成龄大树每株施栏肥80~100千克，过磷酸钙1千克。基肥施用方法一般采用环状沟施或条状沟施。

（2）一般施花前肥、幼果膨大肥和枣果增质肥。5月下旬，枣树开花前期施花前肥，提高坐果率。一般结果大树每株追肥尿素0.5~1.0千克。6月中下旬施用幼果膨大肥，一般每株大树施复合肥1.5~2.0千克。7月下旬施用枣果增质肥，施肥以硫酸钾为主，结果大树每株施0.5~0.7千克。

（3）枣树在展叶、枣吊生长及花芽分化期，以喷施0.3%~0.5%尿素为主。开花坐果及幼果期，氮磷钾配合施肥，可用0.3%尿素加0.3%的磷酸二氢钾再加0.2%的硼砂。果实发育后期，以磷钾肥为主，以磷酸二氢钾加少量尿素或其他微量元素。

5. 整形修剪

（1）枣树有冬季修剪和夏季修剪。冬季修剪一般在落叶以后到萌芽前进行，夏季修剪一般在小满至夏至进行，主要方法有抹株、摘心、疏枝、拉枝和环剥等。

（2）为预防萌生过密的枣头枝，萌芽时及时抹芽，对无空间生长和部位不当的萌蘖及时抹除，对过于密集和无空间生长的枝条尽量疏除。

（3）对空间不大又不需延长的枣头，花前摘心培养成结果枝组，并使其当年结果。自然开心形修剪方法：在栽后2~3年，树高达15~20米时及早定干。定干高度一般距地面1米左右，密植园可降低至0.6~0.8米，定干高度以下留3~5节作为培养第一层主枝的整形带。

6. 保花保果

（1）环剥通过切断韧皮部，阻止树上部光合产物向根部输送，水和矿物质营养仍可从木质部不断向上输送，使上部正常代谢，从而达到提高坐果率的目的。一般在盛花期进行。宽度一般为0.5厘米，环剥适用于生长正常的成年树。

（2）喷施植物生长调节剂及微量元素植物生长调节剂有赤霉素、萘乙酸、微量元素，肥料有硼砂、稀土等，宜在晴朗无风天气的10：00以前或16：00以后喷施。

（3）花期放蜂可提高坐果率。

（4）花期持续高温干旱时，喷水可显著提高坐果率。

7. 病虫害防控

（1）病害。枣锈病主要为害叶片，在5月下旬、6—10月每月各喷1次杀菌剂，药剂选用40%多菌灵800倍，或0.3~0.5波美度石硫合剂。枣缩果病主要为害果实，使果面下凹，病部果面变红。8月上旬开始喷链霉素等药剂，7~10天1次，连喷2~3次。

（2）虫害。枣瘿蚊主要为害叶片，叶片受害后卷成筒状，卷叶硬脆而红肿，后期变黑褐色干枯脱落。4月下旬至5月上旬，枣树萌芽后发现被害时，喷10%吡虫啉可湿性粉剂，或20%杀灭菊酯乳油。枣黏虫以幼虫为害花叶果，在枣树发芽展叶期，喷25%溴氰菊酯乳油。

8. 采 收

小甜枣枣果成熟不一致，要采取分期分批人工采摘的方式进行。果皮呈黄白色或果面1/3带红，果面青色面积不超过1/5、晶莹透亮即可采摘。每个枣园准备1个枣果专用采摘袋，好果、差果可分开放置，做到好果里的差果率不超过5%，销售的枣果尽量做到减少选果程序，以免造成人为机械伤。

鲜销枣果要求在晴天上午采摘，下午采摘的枣果脆度差。最好是12：00前采摘好果，下午专采次品枣果。盛果的容器必须选用塑料筐或泡沫箱，要求干净卫生，需贮藏的枣果要带果柄采摘。

（五）猕猴桃周年农事管理

1. 萌芽前（3月）

（1）猕猴桃根系浅，新根产生较迟，生产中应精细整地，以创造疏松的土壤条件，促使根系生长，形成强大根群，提高吸收能力。一般在土壤解冻后及时耕翻，耕深25厘米左右，耕后细致耙平，使土地平整。

（2）猕猴桃怕旱，要经常保持土壤湿润，在地整好后要及时浇水，促使枝芽萌发，花蕾膨大。

（3）减少土壤水分蒸发，可用地膜、杂草、砂石等覆盖，防止水分的蒸发损失，提高降水利用率。

（4）追肥应以氮肥为主，每亩施尿素15~20千克。

（5）喷施2.5%敌杀死4000倍液防治金龟子，喷5波美度石硫合剂防治介壳虫。溃疡病出现后，用300毫克/千克的农用链霉素涂抹病斑。有虫发生时，根际环状沟施10%克线丹颗粒剂每亩6~15千克，进行土壤消毒。

2. 萌芽展叶期（4月）

（1）猕猴桃枝繁叶盛，易出现郁闭现象，在萌芽后，应及时抹除剪口附近的无用芽、病芽及过密的芽。

（2）在幼芽发出后，剪除过多未萌芽的枝。

（3）及时刮除溃疡病病斑，剪除病梢，集中烧毁。花前20天选用50%菌毒清颗粒剂防治花腐病。疫霉病发生时，扒开土壤晾晒，抹菌毒清防治。用25%速灭威乳油或40%速扑杀乳油毒杀麻皮蝽、茶翅蝽、金龟子等，用20%菊杀乳油杀灭猕椰圆蚧、介壳虫等。

（4）绑蔓。将枝蔓固定在架上，保证枝蔓健壮生长，防止互相影响。

3. 花　期（5月）

（1）抹除无用芽及密芽。

（2）对生长过旺和不结果的树进行摘心，结果枝从花序以上4~5节处摘心；发育枝留12片叶摘心；架面上有用徒长枝留3~4叶摘心。

（3）清除过密枝，避免养分消耗，剪除留作预备枝以外的徒长枝和发育枝及衰弱的新梢，对树势过旺植株萌发的新梢也应疏除。

（4）疏除结果枝上过多且发育不良的花蕾。一个花梗上只留下一个中心花蕾。

（5）猕猴桃有粉无蜜，一般自然授粉不良，必须实行人工授粉，否则会出现果个大小相差悬殊或花后大量落果现象。

（6）花后一周定果，首先疏除授粉不良的畸形果、病虫果、小果，其次据枝的长短留果，一般50~100厘米的枝留果5个左右，30~50厘米的枝留2~3个果，5~30厘米的枝留1~2果，5厘米以下叶丛枝不留果。

（7）保持土壤湿润，增大空气湿度，预防高温及干热风的危害，以利提高坐果率。

（8）中耕除草减少杂草对土壤养分水分的消耗。

（9）防治金龟子、椿象类虫害。

4. 幼果期（6月）

（1）施促果肥保证营养供给，以利果实膨大生长。

（2）继续抹芽、疏枝、摘心。

（3）将结果母枝绑在铁丝上，防止风吹断或果实摇摆被刺伤。

（4）摘除畸形果、病虫果。

（5）摘除茶翅蝽卵块，喷2.5%敌杀死4000倍液防治猕椰圆蚧。

（6）此期是果实生长高峰期，也是需水高峰期，高温天气易导致叶片干枯，影响果实生长，生产中应及时浇水。

（7）剪除过旺的徒长枝、衰弱枝、过密枝、病虫枝，适当短截长果枝，保持良好的通风透光性。

5. 膨果期（7月）

（1）继续绑蔓。

（2）保持地面湿润，防止果实发生"日烧"。

（3）促进果实生长膨大，提高果实商品性。

（4）清除杂草。

（5）喷2.5％敌杀死乳油防治螨类、蜷螋类、猕椰圆蚧等。

（6）保持土壤疏松，提高土壤吸收水分的能力。

6. 壮果期（8月）

（1）绑蔓。

（2）摘除长梢最前端嫩芽，防止反卷。

（3）喷70％甲基托布津可湿性粉剂，防治褐斑病。

（4）叶面喷0.2％尿素加0.5％磷酸二氢钾，补充营养，保证果实健壮生长。

（5）天旱浇水，雨后排涝。猕猴桃既怕旱，又怕涝，在雨季应及时排除田间积水。

7. 果实成熟期（9月）

（1）叶面喷0.3％～0.4％硝酸钙，以增加果实的硬度，延长果实货架期。

（2）采时要轻拿轻放，防止碰、刺伤。

（3）适度翻耕土壤，保持土壤疏松，增加土壤的贮水能力。

（4）喷65％代森锌可湿性粉剂，或70％甲基托布津可湿性粉剂，防止溃疡病传染。采前喷600倍液的5％菌毒清，防治青霉病。

8. 果实采收期（10月）

（1）适时采收果实。

（2）在入贮前，贮藏环境用60％多菌灵可湿性粉剂进行消毒。一般在采后2天内经预冷进库，库温应保持在0.5～2℃。

（3）树体喷50％辛硫磷乳油，防止叶蝉为害。

9. 果树休眠期（11—12月）

（1）在落叶后应及时清扫枯枝、落叶、杂草，细致喷1遍波美5°石硫合剂，减少病虫越冬基数，为来年的防治打好基础。

（2）基肥应以有机肥为主，配合施用磷钾肥，进行营养补充，增加树体营养积累。以利树体安全越冬。

（3）在土壤结冻前浇一次透水，形成良好的土壤墒情，保证树体安全越冬。

（4）主要通过调整枝蔓，更新结果枝组的方法来实现，保证剪后每平方米架面留5个左右结果母枝，每个母枝可抽生5个左右结果枝。一般侧蔓（即结果母蔓）在主蔓上分两边留，保持不重叠，不交叉，每隔30~40厘米留1个，保持结果母枝不外移，不衰老。结果大枝采用短截和疏间的方法修剪，徒长性结果母蔓可以在盲节上留7节剪截，长结果枝一般在50厘米以上，从盲节上留5~7节剪截，中果枝留长30~50厘米，从盲节上留3~5节短截，短果枝留长20~30厘米，从盲节上留3芽短截，短枝留长17~20厘米，见饱满芽留2~3芽剪掉，无饱满芽的疏除。徒长枝有空间时可截头，让其分枝，补充空间，无空间时应及时疏除。

（5）由于猕猴桃有伤流现象，在12月至翌年1月底修剪，伤流较轻，因此冬剪最佳时期为12月初至翌年1月底前。

（6）幼苗离地20厘米常易受冻，可在上冻之前，在根颈部培土20厘米以上，减轻冻害的发生。

第四章　种植模式

一、草莓－早稻

（一）茬口安排

9月上旬至翌年3月底种植草莓，3月下旬至8月下旬种植早稻，实行粮经结合的水旱轮作。

（二）关键技术

1. 草　莓

（1）选用章姬、红颜、越秀、越丽、丰香、女峰、甜查理（法兰帝）等主推品种。

（2）白天棚内温度保持在18～24℃，湿度在60%以下，夜晚保持在5℃以上。加强肥水管理。宜采用滴灌追肥及根外追肥，促进第二花序坐果膨大。

（3）果实适期采收，防止污染。

（4）重点防控灰霉病、白粉病、蚜虫等病虫害。

2. 早　稻

（1）选择高产、抗病的中早39、甬籼15、中嘉早17、中组18等品种。

（2）适时播种，秧龄30～35天。

（3）做好大田肥水管理工作，合理用肥，科学灌水。

（4）做好病虫害防治工作。

二、春鲜食玉米-晚稻

(一)茬口安排

早春采用白膜覆盖保温技术,于3月底至4月初播种鲜食玉米,7月中旬前收获;在立秋前完成晚稻插种,于10月底至11月上旬收割。

(二)关键技术

1. 鲜食玉米

(1)选用钱江糯3号、浙糯玉16、雪甜7401、金银208、浙甜等甜、糯玉米品种。

(2)适时播种,3月底至4月初播种,白膜覆盖。

(3)隔离种植,300米以上范围内不种其他类型的玉米;或花期错开25天。

(4)合理密植,每亩种植3500株;选用辛硫磷等药剂防治玉米螟。

2. 晚　稻

(1)选用高产抗病品种。

(2)适时播种,秧龄40~45天。

(3)做好大田肥水管理工作,合理用肥,科学灌水。

(4)做好病虫害防控工作。

三、速生叶菜-春马铃薯-单季稻

(一)茬口安排

10月初种植一茬速生叶菜,12月中下旬收获;12月下旬至3月中旬种植春马铃薯,成熟期在翌年5月上中旬;单季稻种植以直播和机插为主,播种期在5月上中旬至6月上中旬,9月底至10月初收获。

（二）关键技术

1. 速生叶菜

（1）选用高产抗病、生育期短、适应市场需求的品种。

（2）根据不同前作品种收获期，适时播种。

（3）加强肥水管理。

（4）预防为主，做好病虫害防控工作。

2. 春马铃薯

（1）选择优质、抗病、高产的浙薯956、克新一号等品种。

（2）适时播种，一般在12月下旬至翌年3月中旬种植。

（3）合理密植，每亩种植4000~4500株。

（4）做好晚疫病等病虫害防控工作。

3. 单季稻

（1）选择生育期中偏长、株高适中、耐肥、抗倒、抗病、根系强大、穗粒兼顾型优质高产品种。

（2）适时播种，空闲田于5月上旬播种，油菜田于5月下旬至6月上旬播种，最迟不宜超过6月10日。

（3）掌握前促、中控、后补的施肥原则，合理用肥，科学灌水，适时除草。

（4）做好纹枯病、稻瘟病、稻曲病、二化螟、稻丛卷叶螟、稻飞虱等病虫害防治工作。

四、花椰菜（西蓝花）－单季稻

（一）茬口安排

单季稻种植以直播和机插为主，播种期在5月上中旬至6月上中旬，收获期9月底至10月中下旬；11月定植花椰菜（西蓝花），于翌年春采收。

（二）关键技术

1. 花椰菜（西蓝花）

（1）选择雪玉美松、优美青花菜、雪宝80天等优良品种，做好种子处理。

（2）每亩定苗1800株左右。

（3）做好大田水肥管理，加强微量元素的供给。

（4）做好病虫害防控工作。

2. 单季稻

（1）选择生育期中偏长，株高适中、耐肥、抗倒、抗病、根系强大、穗粒兼顾型优质高产甬优1540、甬优15、甬优7850和嘉丰优2号等品种。

（2）适时播种，空闲田于5月上旬播种，油菜田于5月下旬至6月上旬播种，最迟不宜超过6月10日。

（3）掌握前促、中控、后补的施肥原则，合理用肥，科学灌水，适时除草。

（4）做好纹枯病、稻瘟病、稻曲病、二化螟、稻丛卷叶螟、稻飞虱等病虫害防治工作。

五、秋鲜食玉米－早稻

（一）茬口安排

秋鲜食玉米7月下旬至8月上旬播种，10月下旬至11月上旬采收；3月底直播或4月中旬机插早稻，7月中下旬收获。

（二）关键技术

1. 鲜食玉米

（1）选用钱江糯3号、浙糯玉16、雪甜7401、金银208、浙甜等甜、糯玉米品种。

(2)适时播种,7月下旬至8月上旬播种。

(3)隔离种植,300米以上范围内不种植其他类型的玉米;或花期错开25天。

(4)合理密植,每亩种植3500株;选用辛硫磷等药剂防治玉米螟。

(5)适期采收,气温高时授粉后20~22天就可收获,气温较低时25~27天收获。

2. 早　稻

(1)选择高产、抗病的中早39、甬籼15、中嘉早17、中组18等品种。

(2)适时播种,秧龄30~35天。

(3)做好大田肥水管理工作,合理用肥,科学灌水。

(4)做好病虫害防控工作。

六、秋萝卜-单季稻

(一)茬口安排

9月底至10月中下旬种植秋萝卜;单季稻种植以直播和机插为主,播种期在5月上中旬至6月上中旬,收获期9月底至10月中下旬。

(二)关键技术

1. 秋萝卜

(1)适时播种,以9月底至10月中下旬为宜。

(2)中耕掌握先浅后深再浅的原则,注意不要伤根,防止烂根或裂口等。

(3)科学施肥,合理灌水。

(4)做好病虫害防控工作。

2.单季稻

（1）选择生育期中偏长，株高适中、耐肥、抗倒、抗病、根系强大、穗粒兼顾型优质高产品种。

（2）适时播种，空闲田于5月上旬播种，油菜田于5月下旬至6月上旬播种，最迟不宜超过6月10日。

（3）掌握前促、中控、后补的施肥原则，合理用肥，科学灌水，适时除草。

（4）做好纹枯病、稻瘟病、稻曲病、二化螟、稻丛卷叶螟、稻飞虱等病虫害防治工作。

七、蔬菜－小香薯

（一）茬口安排

西蓝花等冬季蔬菜的最佳播种期10月20日前；早春种植小香薯，设施条件下可提前1个月，露地种植可在3月下旬至4月上旬，但必须采用双色膜或地膜覆盖保温技术，6月底第一茬收获后，可采用前茬无病虫害健壮藤苗扦插第二茬。

（二）关键技术

1.西蓝花

（1）适时播种，10月20日前结束。

（2）每亩保苗3300~3500株。

（3）做好施肥、排灌、除草等田间管理工作。

（4）做好黑腐病等病虫害防控工作。

2.小香薯

（1）采用"大棚＋小拱棚＋地膜"三层保护设施育苗，确保尽早出苗。

（2）合理密植，每亩4000株左右。

(3)做好除草、排灌、施肥等田间管理工作。

(4)做好黑斑病、软腐病、蛴螬、金针虫等病虫害防治工作。

八、山地辣椒－春马铃薯

(一)茬口安排

根据市场需求选用丰产、抗病、抗逆性好的山地辣椒品种,于4月中旬前后播种,5月中下旬定植,于7月中下旬开始采摘青椒,至霜降前采摘结束后,于12月下旬(冬至后)播种春马铃薯,翌年5月上中旬收获。

(二)关键技术

1. 山地辣椒

(1)选择抗病性好、果肉厚、色泽好、产量高、辣味适中的青云2号品种。

(2)合理密植,每亩2600~3000株。

(3)按照"采收一次、追肥一次"的原则,施好肥料。

(4)做好病毒病、疫病、蚜虫、烟青虫等病虫害防治工作。

2. 马铃薯

(1)选择高产、抗病的浙薯956、克新一号等品种。

(2)适时播种,10月20日前播种结束。

(3)合理密植,每亩种植4000~4500株。

(4)做好病虫害防控工作。

九、冬季蔬菜－鲜食玉米＋鲜食大豆

(一)茬口安排

根据不同的冬季蔬菜品种,合理确定播种时间;3月底至4月上旬播种鲜食玉米，采用白色膜覆盖保温技术，鲜食大豆于4月上中旬播种，采用一畦玉米一畦大豆的带状间作法种植。

（二）关键技术

1. 冬季蔬菜

（1）选用高产抗病、适应市场需求的品种。

（2）适时播种。

（3）做好肥水管理和防冻保暖工作。

（4）做好病虫害防控工作。

2. 鲜食玉米

（1）选用钱江糯3号、浙糯玉16、雪甜7401、金银208、浙甜等甜、糯玉米品种。

（2）适时播种，3月底至4月上旬播种，白膜覆盖。

（3）隔离种植，300米以上范围内不种其他类型的玉米；或花期错开25天。

（4）合理密植，每亩种植3500株。

3. 鲜食大豆

（1）选用浙农6号、浙鲜9号、浙鲜12等高产抗病品种。

（2）4月上中旬播种。

（3）做好肥水管理工作。

（4）做好病虫害防控工作。

第五章　灾后措施

一、暴雨洪涝灾后农业生产救灾措施

（一）暴雨洪涝对蔬菜果树的影响

1. 影响作物根系代谢活动

暴雨过大积水成涝，积水使土壤空隙中充满水分，造成土壤中氧气缺乏，蔬菜果树根系无法进行有氧呼吸，长时间处于缺氧条件下进行无氧呼吸，会产生有毒物质，影响作物生长。若长期处于淹水条件下，会造成根系死亡，进而使蔬菜果树地上部分无法得到水分和营养成分，影响正常代谢活动，最终导致整株死亡。

2. 影响地上部分光合作用

积水不仅会影响根系的呼吸和营养吸收，还会阻碍地上部分进行光合作用。若蔬菜、果树整株或者功能叶处于淹水状态，短时间内会造成叶片气孔关闭，长时间造成叶绿素含量下降，降低光合速率，光合产物的运输能力也下降。此外，淹水条件下，作物细胞膜选择透性降低，代谢平衡破坏，体内酶活性和激素水平发生变化，加速作物老化或死亡。

3. 作物被冲，土壤养分流失

暴雨过大时，蔬菜果树可能整株被冲走，尤其是蔬菜处于幼苗期时，雨水过大过急，容易被雨水冲走。此外暴雨还会带走大量土壤养分，雨后高温、高湿，病虫害发生风险增大。

（二）遭受暴雨洪涝后的恢复措施

1. 蔬　菜

（1）尽快疏浚田间沟道、沟渠，排尽田间积水，缩短蔬菜瓜果受淹时间，做到雨停（水退）田间不积水，以利根系生长。

（2）蔬菜瓜果受涝后易发病死亡的品种，对仍有商品价值的蔬菜瓜果，要及时采收上市，以减轻经济损失。

被毁绝收田块要及早安排下茬作物生产，尽快补播种或改种，考虑年度栽培计划因地制宜选择速生叶菜类、耐热速生萝卜等品种作为过渡，争取尽快上市，保障有效供给，提高经济效益。

（3）对影响较小、能通过补救措施恢复长势的蔬菜瓜果，要及时扶理植株，冲洗叶片黏附的污泥。在天晴时进行中耕、防止土壤板结，并根部追施薄肥、叶面喷施行微量元素肥。摘除黄老病叶，促进通风，降低湿度，尽快恢复植株长势；

（4）抢晴天喷施1~3次广谱性杀菌剂，预防病害发生，在使用农药时，要注意农药的安全间隔期、注重蔬菜瓜果质量安全，严禁使用高毒高残农药和明令禁止的农药。

2. 果　树

（1）搞好开沟排水工作，保持园内沟渠排水畅通，防止涝害发生，对于山地橘园，要修好防洪沟、挖好保水沟；防止山洪暴发，减少水土流失。暴雨过后，要尽快排除平原果园中的积水，尤其要开通深沟，降低地下水位，防止坐浆霉根。

（2）淹水后的果园土壤板结，通气性差，采取疏松土壤，土层厚的除去一部分表土，然后覆薄层焦泥灰土或其他覆盖物。如果根系未恢复原状时，地面切忌施人粪尿或尿素水，以免根系再次受伤而影响生长。

（3）及时剪去一部分枝叶与疏果，减少蒸发量；淹水严重的果树，有的出现卷叶、焦叶，直至要死亡的果树，应立即剪枝去果去叶，以减少蒸发量，同时对大枝外露的树体用1∶10石灰水涂干，并用稻草包扎枝干，以免枝干外露暴晒开裂感病。

（4）被水淹危害的果树，极易感染病菌，发生炭疽病、树脂病等，应全面进行一次预防。

（5）淹没时间长的果树，根系受损严重，吸收肥水能力减弱，不能满足地上部的正常生长，通过根外追肥，能达到补充营养，促进生长的效果。不要在中午高温期间喷施。

二、高温干旱天气农业生产救灾措施

（一）高温干旱对蔬菜果树的影响

高温对蔬菜果树的影响主要表现在两个方面：影响开花结果和灼伤叶片。蔬菜果树在开花结果期对温度比较敏感：开花时遭遇高温，会影响盛花时间、开花率、花药开裂率等，引起落花，影响授粉率，形成畸形果或瘪粒；成熟时遭遇高温，会造成籽粒不饱满，甚至是落果。

当蔬菜果树遭遇干旱的时候，会引起光合作用减弱。严重干旱时，叶肉细胞或叶绿体等光合器官的光化学活性下降甚至破裂解体，造成植物光合作用受阻，干物质积累减少，影响营养生长和生殖生长，造成作物生长缓慢或结实率下降。干旱还会引起蔬菜果树呼吸速率的变化，影响正常的代谢。

40℃以上高温干旱天气容易造成蔬菜生长不良，品质下降，植株早衰而绝收，尤其是高温逼熟造成瓜果日灼病而失去商品性。成熟果实受到高温高湿或阳光的直射，致使养分、水分的吸收和运转受阻，严重时果肉变紫溃烂，肉软味差，无法食用。持续阴雨天后突然转晴高温，或土壤忽干忽湿，水分变化剧烈，作物植株容易产生生理障碍时发病重。

果树遭受干旱时，会出现叶片萎蔫，果实失水。果实膨大期干旱影响果实发育；严重时出现落叶落果，进而影响树体生长发育，影响当年的产量。

（二）遭受高温干旱后的恢复措施

1. 蔬　菜

（1）高温天气采用遮阳网覆盖大棚顶部降低棚内温度，可减少高温影响，避免植株暴晒、日灼等危害。对于不耐高温的叶菜类蔬菜，可在10：00—15：00高温时间段应用遮阳网降温，其他蔬菜要根据作物对高温的抗性，适当减少遮阳网覆盖时间甚至不盖。高温天气蔬菜大棚内应用微喷灌设备喷水，可起到增湿、降温的作用，有效减轻高温干旱对蔬菜生产的危害。露地蔬菜提倡应用稻草或其他作物秸秆覆盖畦面，以利于保水保墒、减少蒸腾，还可防止地面温度过高。

（2）进入高温季节，蓟马、螨类、烟粉虱、潜叶蝇、豆野螟、瓜绢螟、斜纹夜蛾、甜菜夜蛾等蔬菜害虫高发，软腐病、青枯病、绵疫病、病毒病等病害趋重，生产上应采取"农业、物理、生物防治为主，化学防治为辅"的防控策略，加强病虫害综合防治。及时清理田间残枝败叶和落花落荚，以减少虫源；综合运用杀虫灯、昆虫性诱剂、色板诱杀及防虫网隔离等物理防控措施，减少豆野螟、斜纹夜蛾、甜菜夜蛾等害虫的为害。采用化学防治时，应掌握在病害发生初期、害虫低龄期选用高效低毒低残留对口农药在清晨或傍晚喷药，避免中午高温时段喷药，还要注意交替用药，严格执行农药安全间隔期，确保上市蔬菜质量安全。

（3）提倡应用水肥一体化技术，山地蔬菜充分利用"微蓄微灌"系统，满足各类蔬菜生长对水肥的要求。高温天气要在清晨或傍晚施肥灌水，避免偏施氮肥。必要时喷施磷酸二氢钾、赤·吲乙·芸苔（碧护）等叶面肥，提高蔬菜抗逆性，减轻高温干旱影响。

（4）加强松花菜、西蓝花、芹菜和黄瓜、辣椒、番茄等秋季蔬菜育苗管理，有条件的可采用微喷灌、湿帘、棚外喷灌等设备降温、保湿，减少水分蒸发，确保秧苗顺利越夏。应用遮阳网降温育苗的蔬菜，在定植前一周要揭去遮阳网逐渐进行高温炼苗，提高菜苗的适应能力。

2. 果 树

（1）穴灌与地面直接浇灌相比，穴灌的水利用率可提高3~5倍，是一种节水、省力、高效的灌溉方式。安装了滴灌设施的果园，开启滴灌设施，成年树每株每天滴水25~50千克，小树酌减。

（2）水源条件好的果园，在凌晨土壤温度下降后，坡地果园利用背沟进行沟灌，平地果园利用排水沟进行沟灌或漫灌，每次灌足灌透。待下次果树叶片出现较严重萎蔫，翌日凌晨仍不能恢复正常时，再灌透水一次。

（3）用稻草、玉米秆等秸秆或杂草等盖在树盘上，厚度10厘米左右。覆盖范围，距树干5厘米至树冠滴水线外50厘米左右。活草多的果园应喷草甘膦等除草剂将草杀死，覆盖在地面上，减少土壤水分的散失。

（4）干旱严重且缺乏灌溉条件的果园，如果未成熟的新梢较多，应及时剪除未成熟的新梢，可有效减少树体水分损失，增强抗旱能力。对已经发生灼日病的树枝、树叶、果实要及时修剪。

（5）树冠喷施2%左右的石灰水，可增强反光，降低叶面和果面温度，减少水分蒸发。但要注意，只能在早晨或夜晚叶面温度低时喷施。

三、雨雪冰冻天气农业生产救灾措施

（一）雨雪冰冻对蔬菜果树的影响

雨雪冰冻天气对处于花期和幼果期的果树影响较大，当温度降至果树忍耐的限度以下时，就会发生冻害，轻则落叶枯梢，重则损失枝干，甚至整株死亡。幼年树抗冻能力差，特别是施肥过多，秋梢旺发的易受冻，因此高海拔地区要使秋梢提前老化，摘除晚秋梢，并搞好全株覆盖防冻。成年树叶片在受冻时卷曲，继而出现油渍状或黑褐色斑点，而后受冻叶片会枯萎脱落；枝梢呈焦黄或红褐色，严重的树皮开裂，特别是在主枝分叉处，结冰严重，冻害程度大，伤口如不加保护将导致树势衰弱，影响产量。在开花前花蕾膨大期出现-1℃以下的低温，花蕾会出现不同程度的冻害，影响产量。果树开花期耐低温能力较差，在4月上旬开花时如遇寒流2℃时，就会造成花器冻害引起大量落花，影响产量。

大棚内蔬菜等作物可能因保温性差或大棚破损遭受冻害或冻死，露天蔬菜被冻伤或冻死。遇急剧寒流或持续低温时，蔬菜苗中部叶片或成株上部叶片常受冻害。叶片受冻害后，首先是叶片表现为褪绿发黄，叶片脱水后主脉间的叶肉呈黄白色，但叶脉附近常保持绿色，叶背常向上反卷，严重时茎叶干枯。从田间分布看，一般大棚（苗床）的四周重于中间，特别是大棚两边，但总体分布较均匀，没有中心病株。

（二）遭受雨雪冰冻后的恢复措施

1. 蔬　菜

（1）在低温影响后喷施药剂，增强植株抵抗力，这种方法能够在一定程度上增强植株抵抗力从而削弱低温带来的不利影响。冻害发生后，上午要早放风、下午要晚放风，尽量加大放风量，以避免升温过快，使寄主细胞的冰晶慢慢融化成水，并被原生质吸收，以减轻受冻害的程度。

（2）冻害较重蔬菜宜拔除病株死株，补种或改种其他作物。

（3）认真检查大棚膜，防止冷空气进入大棚内，晚上采用"三膜四膜"及以上的保温防冻措施。注意适时通风换气，降低棚内湿度，减少发病风险。循序渐进增加光照，白天尽量揭掉棚内覆盖物，特别是不透明的无纺布等覆盖材料，有条件的可用灯光补光，以提高植株恢复能力。

（4）蔬菜和蔬菜苗受冻害后抵抗力下降，往往更易受到病害的侵袭，结合病虫害的预测预报，及时做好防治工作。一般若棚内湿度较大，应采用烟熏剂或喷粉状药剂预防病虫害。水剂宜在晴天喷药。同时应及时清除枯枝黄叶、病叶、病果，并移出棚外。待天气晴好及时喷施叶面营养液，以增强植株抗寒性，促进其尽快恢复生长；受冻害的弱苗、僵苗及长势较弱的大棚蔬菜，可以用481芸苔素和氨基酸类营养液等进行根外追肥。

2. 果 树

（1）根据果树遭受不同冻害程度，适时适度进行修剪，适时即修剪时间应在气温稳定回升后进行，一般为2月底至3月下旬，受冻严重树宜迟不宜早。适度即根据不同受冻程度，灵活掌握修剪量和对象。

（2）春季气温回升，受冻果树未枯死，枝干会萌发大量隐芽，芽梢往往形成丛生状，应根据不同冻害程度进行抹芽控梢。受冻较轻树应及时抹去过密和着生位置不当的芽梢，去弱留强，过长新梢要摘心，以利于增加分枝级数；重冻树为有利地上部和地下部生长协调，所萌发的芽梢，春季以不抹和少抹为宜，夏、秋季根据整形需要，再具体进行抹芽控梢。

（3）如果土壤板结，冻后应提前中耕松土，改善土壤通透条件，提高土温，促发新根。对轻冻树，可在修剪前进行全园深翻，深翻可结合撒施有机肥进行，并有意识犁断部分0.5厘米粗的根系，有利于根系更新。

（4）果树遭受冻害后，会导致大量落叶，特别是重冻树往往修剪后，叶片减少，地下部得不到地上部养分的有效供应，根系吸收能力弱。春季气温回升，树体萌发大量芽梢，此时养分供应就会出现失调，不利于树势恢复。针对受冻树的生理变化，在施肥上要掌握早施、勤施、薄施原则，切忌重肥浓肥以防伤根。2—3月应以速效氮肥为主，施用不少于3次，10年生左右果树，每株每次施用尿素不少于100克，并兑稀薄粪水10~15千克，在树盘周围开沟施入。受冻树未落叶由于冻害叶绿素会减少，加之抽发的新梢常常叶小而薄，光合作用差，进行叶面施肥对提高叶片质量和光合功能有很大作用。叶面喷肥可多次进行，间隔时间以15~20天为宜，一般喷施0.3%尿素加0.2%磷酸二氢钾。如受冻树出现缺素，可根据叶面判断，对所缺元素结合叶面施肥进行补充。

（5）清园须强调清除枯枝落叶及倾倒的烂果等废弃物。清园剂可选用常用的石硫合剂、松碱合剂、清园保等（浓度按说明书），防治树脂病应刮除病部，并涂抹杀菌剂，杀菌剂可选用50%多菌灵100倍液，或50%托布津200倍液，或1：1：10波尔多液，或1：4食用碱水。

（6）对于受冻较重进行露骨更新的果树，采取伤口保护和树干涂白是防治树脂病和日灼病发生的关键措施，剪（锯）口要修削成平滑斜口，再用75%酒精或0.1%高锰酸钾对伤口消毒，消毒后伤口要涂抹保护剂。保护剂用新鲜牛粪（占60%~70%）、黄泥（占20%~30%）、石灰（占5%~10%）、少量毛发调成糊状即成，也可用黄油或凡士林配入2%托布津调制。涂白剂可用：用石灰5份，硫黄粉0.5份，食盐0.1份，桐油0.1份，水20份调制而成，如在涂白剂中加入0.5%~2%比例的杀虫、杀菌农药则有病虫兼治的作用。

参考文献

厉宝仙，金子晶，2023.种植业防灾减灾技术[M].杭州：浙江大学出版社.

吴海平，吴早贵，2017.农作制度创新与实践[M].南昌：江西科学技术出版社.

郑永利，吴慧明，周小军，2019.绿色高效农药使用手册[M].北京：中国农业科学技术出版社.

开化县农业生产技术手册

粮 油 作 物

LIANG YOU ZUO WU

开化县农业农村局
浙江开放大学开化学院
开化县两山投资集团有限公司
开化县两山业务培训有限公司

组 编

中国农业科学技术出版社

图书在版编目（CIP）数据

开化县农业生产技术手册. 粮油作物 / 开化县农业农村局等组编. — 北京：中国农业科学技术出版社，2024.11. — ISBN 978-7-5116-7209-4

Ⅰ. S-62

中国国家版本馆CIP数据核字第20244GG798号

责任编辑	闫庆健
责任校对	王 彦
责任印制	姜义伟 王思文
出 版 者	中国农业科学技术出版社
	北京市中关村南大街12号 邮编：100081
电　　话	（010）82106632（编辑室）（010）82106624（发行部）
	（010）82109709（读者服务部）
网　　址	https://castp.caas.cn
经 销 者	各地新华书店
印 刷 者	北京建宏印刷有限公司
开　　本	142mm×210mm　1/32
印　　张	3
字　　数	80千字
版　　次	2024年11月第1版　2024年11月第1次印刷
总 定 价	96.00元（全3册）

版权所有·翻印必究

《开化县农业生产技术手册》编委会

主　　任　方　明
副 主 任　陈　琦　毛小娟　吴鹏远
编　　委　(按姓氏笔画为序)
　　　　　王洪富　毛　惟　方新锋　吕学高　刘丽芳
　　　　　江　凯　严晨阳　李　霞　吴水女　何　飞
　　　　　余仁来　余逸扬　汪晓宏　陆　剑　陈　峰
　　　　　胡金寿　钟　政　徐根旺　蒋　剑　詹勇军

《粮油作物》编写人员

主　　编　郑校平
副 主 编　金　婷　万琳涛
编写人员　(按姓氏笔画排序)
　　　　　丁利群　万琳涛　王朝林　方屹豪　叶兴锋
　　　　　余土根　邹晓霞　汪成法　汪传荣　汪明德
　　　　　张馨元　林　桢　金　婷　郑　勇　郑成飞
　　　　　郑校平
校　　稿　张馨元
审　　核　林　欢

前　言

为了进一步促进以"二中两茶一鱼"为主导,红高粱、小水果等为特色的农业产业发展,提高广大农民科技文化综合素质,造就一批有文化、懂技术、善经营、会管理的高素质农民,我们根据开化县农业生产和农村发展需要,组织县内行业首席专家及行业权威人士编写了《开化县农业生产技术手册》。

《粮油作物》是《开化县农业生产技术手册》中的一个分册,全书共分五章,第一章概述,主要介绍了粮油作物的概念及开化县粮油作物种植现状;第二章主导品种,主要介绍了水稻、玉米、甘薯、马铃薯、高粱、大豆和油菜7种作物的53个品种;第三章关键技术,主要介绍了单季稻直播栽培、山区绿色生态大米等10项种养技术;第四章种养模式,主要介绍了"早稻－连作晚稻－

开化水稻

紫云英""早稻－秋鲜食玉米"等18种不同的种养模式；第五章灾后措施，主要介绍暴雨洪涝、高温干旱、雨雪冰冻、台风和长期低温阴雨5种农业自然灾害天气的生产救灾措施。

《粮油作物》一书，内容广泛、文字简练、图文并茂、通俗易懂，可供广大农业企业种植基地管理人员、农民专业合作社社员、家庭农场成员和农村种植大户阅读，也可作为农业生产技术人员和农业推广管理人员技术辅导参考用书。

由于编者水平所限，书中难免有不妥之处，敬请广大读者提出宝贵意见，以便进一步修订和完善。

编　者

2024年9月

开化高粱基地

目录

第一章 概　述 ... 1
一、粮油作物的概念 ... 1
二、开化县粮油作物种植现状 ... 2

第二章 主导品种 ... 4
一、水　稻 ... 4
二、玉　米 ... 13
三、甘　薯 ... 17
四、马铃薯 ... 19
五、高　粱 ... 20
六、大　豆 ... 22
七、油　菜 ... 26

第三章 关键技术 ... 30
一、单季稻直播栽培 ... 30
二、绿色生态大米种植 ... 33
三、油菜稻板免耕直播栽培 ... 36
四、红高粱栽培 ... 39
五、衢鲜5号鲜食大豆栽培 ... 43

六、鲜食玉米栽培 …… 46
七、普通玉米亩产500千克栽培 …… 48
八、小香薯栽培 …… 49
九、马铃薯高产栽培 …… 52
十、稻渔综合种养 …… 55

第四章 种养模式 …… 58

一、早稻－连作晚稻－紫云英 …… 58
二、早稻－秋鲜食玉米 …… 59
三、早中稻（早稻）＋草莓 …… 60
四、单季稻－油菜 …… 60
五、单季稻－速生叶菜－春马铃薯 …… 61
六、单季稻－羊肚菌（黑木耳） …… 62
七、单季稻－花椰菜（西蓝花） …… 63
八、单季稻－浙贝母（元胡） …… 64
九、单季稻－秋萝卜 …… 65
十、晚稻－春鲜食玉米 …… 66
十一、鲜食玉米＋鲜食大豆－冬季蔬菜 …… 67
十二、红高粱－油菜 …… 68
十三、小香薯－油菜 …… 69
十四、小香薯－蔬菜 …… 70
十五、油菜－紫苏 …… 70
十六、春马铃薯－紫苏 …… 71
十七、春马铃薯－山地辣椒 …… 72
十八、稻鱼（虾、蟹）共生 …… 73

第五章 灾后措施 …………………………………… 74
　一、暴雨洪涝灾后农业生产救灾措施 ………… 74
　二、高温干旱天气农业生产救灾措施 ………… 76
　三、雨雪冰冻天气农业生产救灾措施 ………… 78
　四、台风袭击后农业生产自救措施 …………… 79
　五、长期低温阴雨天气的农业生产救灾措施 ………… 80

参考文献 …………………………………………… 84

第一章 概 述

一、粮油作物的概念

粮油作物包括粮食作物和油料作物，粮食作物是以收获成熟果实为目的，经去壳、碾磨等加工程序而成为人类基本食粮的一类作物，主要分为谷类作物、薯类作物和豆类作物；油料作物是以榨取油脂为主要用途的一类作物，包括油菜、花生、芝麻等。

（一）谷类作物

谷类作物包括稻谷、小麦、玉米、高粱、大麦、燕麦、粟等。稻谷在植物学上属禾本科稻属普通栽培稻亚属中的普通稻亚种。它是我国最主要的粮食作物之一，我国水稻的播种面积约占粮食作物总面积的1/4，产量约占全国粮食总产量的1/2，在商品粮中占一半以上。玉米是一年生禾本科草本植物，也是全世界总产量最高的粮食作物。高粱按性状及用途可分为食用高粱、糖用高粱、帚用高粱等类。我国栽培较广，以东北各地为最多。谷粒供食用、酿酒（高粱酒）或制饴糖。

（二）薯类作物

薯类作物包括甘薯、马铃薯。甘薯又称番薯、山芋、红薯、地瓜等。16世纪末，甘薯从南洋传入中国，目前中国的甘薯种植面积和总产量均占世界首位。世界马铃薯主要生产国有俄罗斯、波兰、中国、美国。中国主产区是西南山区、西北地区、华北地区和东北地区。

（三）豆类作物

豆类作物包括大豆、蚕豆、豌豆、绿豆、赤豆、菜豆等。我国大豆的集中产区在东北平原、黄淮平原、长江三角洲和江汉平原。蚕豆为粮食、蔬菜和饲料、绿肥兼用作物。豌豆在我国已有2000多年的栽培历史，各地均有栽培。绿豆原产于印度、缅甸地区。非洲、欧洲、美国也有少量种植，中国、缅甸是绿豆主要的出口国。赤豆又名红豆、小豆，除了直接煮食外，还可做食品用的豆沙。

（四）油料作物

油料作物包括大豆、花生、芝麻、向日葵、棉籽、蓖麻、苏子、油菜、亚麻和大麻等。其中油菜是我国播种面积最大，地区分布最广的油料作物。油菜是喜凉作物，对热量要求不高，对土壤要求不严。我国以种植冬油菜为主。

二、开化县粮油作物种植现状

（一）粮食作物

开化县主要种植有水稻、小麦、玉米、高粱、甘薯、马铃薯、大豆等粮食作物，常年播种面积约15万亩（1亩≈667平方米，下同），总产量6万吨左右；2019—2023年，全县谷物平均年种植面积10.523万亩，年平均产量49740.06吨，平均亩产472.6千克，豆类平均年种植面积3.097万亩，平均年产量4841.48吨，平均亩产156.34千克，薯类年平均种植面积1.69万亩，年平均产量6528.03吨，平均亩产385.95千克。通过引进示范推广优质高产水稻、玉米、大豆、甘薯、高粱、马铃薯等新品种，大力推行水稻强化栽培、免耕直播、机插栽培、玉米高粱合理密植栽培、大豆玉米间作套种、早春覆膜栽培、病虫草综合防治、测土配方平衡施肥等一系列单产提升行动，全县粮食作物产量逐年上升。

（二）油料作物

开化县主要以种植油菜为主，是国家级产油大县，常年播种面积10万亩左右，年产菜籽1.2万吨左右，年产菜油4000多吨。多年来，通过推广浙油系列、浙大系列、杂交系列优质高产新品种以及免耕直播、秋发冬壮、全程机械化栽培、病虫综合防治等新技术，油菜单位面积产量有了进一步的提高，2023年全县平均单产达到127.1千克。此外，油菜花期极大地带动了乡村旅游业的发展，油菜综合经济效益显著提升。

第二章　主导品种

一、水　稻

（一）早　稻

1. 中早39

中早39品种穗层整齐，株高适中，茎秆粗壮，叶片挺，着粒较密。叶鞘、叶缘及稃尖均呈紫色，谷粒短圆，颖尖无芒。米质各项指标达到食用稻品种品质部颁5等等级。

浙江省农业科学院2008—2009年两年抗性鉴定，稻瘟病平均叶瘟0级，穗瘟0.8级，稻瘟病损失率1%；水稻白叶枯病9级。

2008—2009年两年浙江省早籼稻区域试验，平均亩产487.6千克，全生育期109.7天。

栽培要点：塑料软盘育秧3月20—25日播种，地膜湿润育秧3月下旬至4月初播种，每亩秧田播种量40千克左右。每亩栽插基本苗10万苗左右。严格种子消毒，及时防治稻瘟病等病虫害。

2. 甬籼15

甬籼15品种株形紧凑，属半矮生型，叶片较挺，叶色淡绿，灌浆快，着粒偏稀，青秆黄熟，谷粒圆。米质各项指标均为部颁食用稻品种品质等外等级。

浙江省农业科学院2006—2007年两年抗性鉴定结果，稻瘟病平均叶瘟0.5级，穗瘟6.5级，稻瘟病损失率14.8%，白叶枯病

6.5级。

2006—2007年两年宁波市早籼稻区域试验,平均亩产472.1千克,平均全生育期107.9天。

栽培要点:插足基本苗,控制氮肥用量,注意防止倒伏。注意白叶枯病的防治。

3. 中嘉早17

中嘉早17属中熟偏迟籼型早稻品种,株形适中,长势较繁茂,叶色较绿,叶姿挺,分蘖力中等,谷粒呈椭圆形,落粒性中等,后期转色好。米质各项指标均达到食用稻品种品质部颁6等等级。

浙江省农业科学院2006—2007年两年抗性鉴定结果,稻瘟病平均叶瘟2.3级,穗瘟5.5级,稻瘟病损失率6.8%,白叶枯病6.3级。

2006—2007年两年浙江省早籼稻区域试验,平均亩产501.65千克,平均全生育期110.7天。

栽培要点:适时播种,塑料软盘育秧宜适当早播。注意种子消毒处理,培育壮秧。适时移栽,每亩插足基本苗10万苗以上。需肥量中等,宜施足基肥,早施追肥。注意及时防治螟虫、稻瘟病等。

4. 中组18

中组18属早熟常规早籼稻,田间生长整齐一致,植株较矮,长势繁茂,分蘖力强,剑叶挺直,叶色淡绿,叶下禾,穗型较小,后期青秆黄熟,转色好,谷色黄亮,稃尖秆呈黄色、无芒,结实率高。丰产性好。米质各项指标综合评价均为食用稻品种品质部颁普通等级。

浙江省农业科学院2018—2019年两年抗性鉴定,稻瘟病平均叶瘟3.2级,穗瘟7级,稻瘟病损失率4.5级,综合指数为5.4,白叶枯病5级。

2018—2019年两年浙江省早籼稻区域试验，平均亩产556.9千克。

栽培要点：及时防治稻瘟病。

（二）常规晚粳、糯稻

1. 浙粳99

浙粳99品种株形紧凑，分蘖力中等，剑叶短挺，叶色淡绿，穗形较大，穗直立，着粒较密，谷粒椭圆形，颖尖无色、无芒。米质各项指标分别达到食用稻品种品质部颁4等等级和3等等级。

浙江省农业科学院2013—2014年两年抗性鉴定，稻瘟病平均叶瘟4.2级，穗瘟5.3级，稻瘟病损失率2.3级，综合指数为4.0；白叶枯病2.6级；褐稻虱7级。

2013—2014年两年浙江省单季晚粳稻区域试验，平均亩产634千克，平均全生育期157天。

栽培要点：播种前晴天晒种，种子消毒剂浸种，以减少恶苗病和水稻条纹叶枯病等病害的发生率。施肥应早施促早发，适施穗肥，拔节期不施肥。生育前期的水浆管理应以干湿交替为主，促进低节位分蘖，分蘖盛期，排水搁田。注意稻瘟病和稻曲病防治。

2. 秀水14

秀水14属中熟单季常规粳稻，生长整齐一致，长势繁茂，分蘖力较强，株高适中，剑叶短挺，叶色绿，直立穗，结实率高，释尖无色，后期青秆黄熟，丰产性较好。米质各项指标综合评价两年分别为食用稻品种品质部颁4等等级和3等等级。

浙江省农业科学院2014—2015年两年抗性鉴定，稻瘟病损失率最高3级，综合指数3.8；白叶枯病最高5级，褐飞虱最高9级。

2014—2015年两年浙江省区域试验，平均亩产628.1千克，平均全生育期162.6天。

栽培要点：适期早播。

3. 嘉禾247

嘉禾247属单季常规晚粳稻,生长整齐一致,株高适中,株形紧凑,分蘖力中等偏强,剑叶挺,叶色绿色。半直立穗,穗型较大,着粒密,谷粒呈短椭圆形,无芒,谷壳暗黄,结实率高。生育期适中,后期青秆黄熟,转色好。米质综合指标均为食用稻品种品质部颁普通等级,品尝分值为73和78。

浙江省农业科学院等2018—2019年两年抗性鉴定,稻瘟病损失率最高5.0级,稻瘟病综合指数5.0,为中感;白叶枯病最高5.0级,为中感;褐飞虱最高9.0级,为高感。

2018—2019年两年浙江省区域试验,平均亩产665.5千克,平均全生育期154.9天。

栽培要点:适当增加基本苗,及时防治稻瘟病。

4. 绍糯9714

绍糯9714属粳型常规糯性水稻,株高约96厘米,株形适中,植株较矮,群体整齐,剑叶挺直,长势繁茂,熟期转色好。

抗性主要指标:稻瘟病7级,白叶枯病3级,褐飞虱9级。

2001—2002年两年参加长江中下游单季晚粳组区域试验,平均亩产540.42千克,平均全生育期147.7天。

栽培要点:每亩秧田播种量40千克,秧龄不超过40天;每亩基本苗5万左右;每亩氮肥施用量17.5千克,基肥、分蘖肥、穗肥比例为4∶3∶3。注意生育后期应保持田土湿润,以保持根系活力;注意防治稻瘟病。

(三)杂交单季晚稻

1. 甬优1540

甬优1540是籼粳交三系杂交稻品种。该品种生长整齐一致,长势繁茂,半弯穗型,株高适中,株形紧凑,茎秆粗壮,剑叶挺,叶色淡绿,分蘖力中等,穗大粒多,谷色黄亮,稃尖无色,偶有短顶芒,后期青秆黄熟,抗倒性好。米质各项指标综合评价均为食用稻品种品质部颁3等等级。

浙江省农业科学院2015—2016年两年抗性鉴定，稻瘟病损失率最高5级，综合指数5.3；白叶枯病最高5级；褐飞虱最高9级。

浙江省连作粳（籼）稻区域试验两年平均亩产684.9千克，平均全生育期144.7天。

栽培要点：采用稀播、匀播方式播种，穴播3~4粒谷；5月中上旬播种。采用宽行窄株、合理密植，保足基本苗。采用"攻头、控中、保尾"的方式施足基肥、补施追肥，促进高产稳产。注意稻瘟病和稻曲病防治。

2. 甬优15

甬优15品种植株较高，株形适中，剑叶挺直，略微卷，叶色深绿，茎秆粗壮；分蘖力较弱，穗形大，着粒较密，一次枝梗多；谷色黄亮，有顶芒，谷粒呈椭圆形，稃尖无色。各项指标分别达到食用稻品种品质部颁3等等级和4等等级。

浙江省农业科学院2008—2009年两年抗性鉴定结果，稻瘟病平均叶瘟0.3级，穗瘟6.5级，稻瘟病损失率2.4%，综合指数为1.6；白叶枯病6.0级；褐稻虱9级。

2002—2003年两年在长江中下游单季晚粳组区域试验，平均亩产615.67千克，平均全生育期138.7天。

栽培要点：每亩施纯氮13~15千克，氮、磷、钾比例为1：0.6：1。采取好气灌溉，要求前少后多，前期多露田，后期勤灌溉，忌断水过早。注意及时防治病虫害，特别是破口前7~10天防治稻曲病。

3. 甬优7850

甬优7850是粳型三系杂交水稻品种。该品种生育期、株高适中，株形略松散，剑叶挺，叶色淡绿；茎秆粗壮，分蘖力偏弱；穗大，着粒密，结实率高，谷色黄亮，偶有短芒，谷粒呈椭圆形。米质达到国标和部颁2级等级。

稻瘟病综合指数两年分别为3.1、2.8，稻瘟病损失率最高级3级；水稻白叶枯病5级；褐飞虱9级；水稻条纹叶枯病5级；中抗稻瘟病，中感白叶枯病，高感褐飞虱，中感水稻纹叶枯病。

2014—2015年两年在浙江省连作粳（籼）稻区域试验，平均亩产657.65千克；2016年浙江省生产试验，平均亩产643.5千克。

栽培要点：培育多蘖壮秧，适时播种，稀播匀播，播后及时塌谷，秧龄以30天左右为宜。按照"断奶肥要早，促蘖肥要巧，接力肥要轻，送嫁肥要准"的原则科学用肥。加强大田管理，及时防治病虫害。

4. 嘉丰优2号

嘉丰优2号品种长势旺，株形适中，植株较高，分蘖力中等，剑中长、卷挺，叶片深绿，穗大，着粒密，稃尖无色，有顶芒。米质各项指标综合评价两年均为食用稻品种品质部颁2等等级。

浙江省农业科学院2015—2016年两年抗性鉴定，稻瘟病损失率最高1级，综合指数2.3；水稻白叶枯病最高7级；褐飞虱最高9级。

2015—2016年两年浙江省单季杂交籼稻区域试验，平均亩产673.45千克，平均全生育期144.7天。

栽培要点：嘉丰优2号生育期较长，适当早播。齐穗后期做好田间水分管理，以养根保鞘；收割前忌断水过早，做到充分成熟后收割，以利高产。

5. 浙粳优1578

浙粳优1578是籼粳交三系杂交水稻。该品种生长整齐一致，长势繁茂，株高适中，株形松散适中，茎秆粗壮，剑叶挺，叶色绿，分蘖力中等，穗大粒多，着粒密，稃尖无色，偶有顶芒，后期转色好。米质各项指标综合评价分别为食用稻品种品质部颁3等等级和普通等级。

浙江省农业科学院2015—2016年两年抗性鉴定，稻瘟病损失率最高3级，综合指数3.5；白叶枯病最高5级；褐飞虱最高9级；稻曲病最高9级。

2015—2016年两年浙江省单季杂交粳（籼）稻区域试验，平均亩产684.1千克，平均全生育期162.6天。

栽培要点：用消毒剂浸种，做到种子无病入土。适期播种，秧田每亩播种量不超过1千克，培育带蘖秧。一般每亩插2万丛，每丛1~2本。每亩总用纯氮量5千克为宜，基肥、分蘖肥、穗肥比例为4∶5∶1。加强水浆管理，加强稻蓟马、稻纵卷叶螟和褐稻虱的防治。抽穗前和抽穗后加强稻曲病的防治。

6. 华浙优1号

华浙优1号品种长势繁茂，株形适中，分蘖力中等，剑叶长挺，叶色中绿，叶片较宽，叶下禾，穗大粒多，结实率较高，谷壳黄亮，稃尖无色。米质各项指标综合评价分别为食用稻品种品质部颁4等等级和3等等级。

浙江省农业科学院2014—2015年两年抗性鉴定，稻瘟病损失率最高5级，综合指数5.0；水稻白叶枯病最高9级；褐飞虱最高9级。

2014—2015年两年浙江省单季杂交籼稻区域试验，平均亩产611.3千克，平均全生育期139.1天。

栽培要点：适时播种、培育壮秧；合理密植、科学施肥；防病治虫、掌握时机。根据田间病虫害发生规律，注意加强对二化螟、稻纵卷叶螟、稻飞虱、水稻纹枯病、稻曲病等的药剂防治。

7. 中浙优8号

中浙优8号属迟熟籼型三系杂交稻。该品种株形紧凑、挺拔，茎秆较粗壮；叶色浓绿，剑叶挺直；叶鞘、叶缘无色，分蘖力较强，穗大粒多，粒形较长，颖尖无色、无芒、后期转色好。米质主要指标达国标3级优质稻谷；食味鉴评85.2分。

2004年浙江省农业科学院抗性鉴定结果，稻瘟病平均叶瘟

3.2级，穗瘟1.0级，稻瘟病损失率0.5%；白叶枯病7.0级；褐稻虱9.0级。

2003—2004年两年参加浙江省单季稻区域试验，平均亩产495.8千克，平均全生育期137.2天。

栽培要点：适时播种，培育多蘖壮秧；合理密植，插足基本苗；平衡施肥，巧施穗肥；科学管水；重点抓好稻瘟病、水稻纹枯病、稻曲病和稻飞虱等病虫害的防治。

8. 泰两优217

泰两优217品种植株较矮，长势繁茂，生长整齐一致，分蘖力较强，剑叶挺，叶片较宽，有顶芒，穗较大，谷壳黄亮，谷粒长，后期青秆黄熟，转色较好。米质综合指标分别为食用稻品种品质部颁普通等级和3等等级。

浙江省农业科学院2015—2016年两年抗性鉴定，稻瘟病损失率最高5级，综合指数为3.8，为中抗；白叶枯病最高5级，为中感；褐稻虱最高9级，为高感。

2015—2016年两年浙江省单季杂交籼稻区域试验，平均亩产623.4千克，平均全生育期136.9天。

栽培要点：注意防治白叶枯病。

9. 甬优7860

甬优7860属中熟单季籼粳杂交稻（偏粳型），田间长势繁茂，生长整齐一致，株高适中，分蘖力中等，剑叶挺，叶色淡绿，穗大粒多，结实率高，稃尖无色，有短顶芒，后期转色好，谷色黄亮。米质各项指标综合评价分别为食用稻组合品质部颁2等等级和3等等级。

浙江省农业科学院2014—2015年两年抗性鉴定，稻瘟病损失率最高3级，综合指数2.5；白叶枯病最高5级；褐飞虱最高9级。

2015—2016年两年浙江省单季杂交粳（籼）稻区域试验，平均亩产699.5千克，平均全生育期161.5天。

栽培要点：培育多蘖壮秧，适时播种，肥水管理，尽早追肥；加强大田管理，注意稻瘟病和稻曲病防治。

10. 中浙优H7

中浙优H7品种具有植株挺拔、长势清秀，丰产性好，米质优的特点。米质达到农业行业《食用稻品种品质》标准2级。

稻瘟病综合指数两年分别为6.3、6.0，穗颈瘟损失率最高级9级，白叶枯病7级，褐飞虱9级，抽穗期耐热性3级；高感稻瘟病，感白叶枯病，高感褐飞虱，抽穗期耐热性较强。

2016—2017年两年参加长江中下游中籼迟熟区域试验，平均亩产601.1千克；2018年生产试验，平均亩产655.74千克。

栽培要点：适时播种、培育壮秧，合理密植、科学施肥，注意防治稻瘟病。

11. 江两优7901

江两优7901是粳型两系杂交水稻。在长江中下游作单季晚稻种植，全生育期160.9天。米质主要指标达到国家《优质稻谷》标准2级。

稻瘟病综合指数两年分别为3.5、4.3，穗颈瘟损失率最高级3.0级，条纹叶枯病最高级5.0级，中感稻瘟病、条纹叶枯病，中抗白叶枯病，感褐飞虱。

2016—2017年两年单季晚粳组区域试验，平均亩产738.6千克；2017年生产试验，平均亩产660.8千克。

栽培要点：适期播种，稀播、匀播，每亩秧田播种量为10~15千克，秧龄宜控制在35天以内。施用原则是"前重、中控、后补"。注意防治稻瘟病、白叶枯病。

12. 旱优73

旱优73品种根系发达，苗期早生快发生长快，分蘖力强，茎秆粗壮，弹性好，耐肥抗倒，后期青秆黄熟转色好；抗白叶枯病S2级，抗稻瘟病MR1级，抗旱性1级。米质指标达部标3级。

浙江省农业科学院、温州市农业科学院、丽水市农业科学院鉴定结果,稻瘟病抗性综合指数为3.1,中抗稻瘟病。

2017年在杭州、金华、丽水、衢州、温州作单季稻引种试验结果,全生育期132天,平均亩产539.1千克。

栽培要点:6月10日前旱直播,每亩播种量2~3千克,播种深度2~4厘米,覆土,行距28~30厘米;种衣剂拌种,播后出苗前土壤封杀,三叶期根据田间草害情况进行茎叶除草处理。在孕穗至齐穗期、灌浆期遭遇严重干旱时,应及时灌溉;注意防治病虫害。

二、玉 米

(一)糯玉米

1. 钱江糯3号

钱江糯3号品种植株中等,株形较紧凑,上部叶片较宽大,整齐度较好。具有抗病抗逆性好,品质优良,稳产高效,适应性广等诸多优点。田间表现平均株高193.4厘米,平均穗位高76.6厘米,双穗率13.4%,空秆率1.0%,倒伏率1.3%,倒折率0.3%;果穗呈长锥形,排列整齐,籽粒呈紫白花色,糯甜比为3:1,直链淀粉含量1.9%;感官品质、蒸煮品质综合评分85.2分。

东阳玉米研究所抗病虫性鉴定,抗玉米小斑病,中抗玉米大斑病,感玉米茎腐病、玉米螟和玉米纹枯病。

2014—2015年两年参加浙江省糯玉米区域试验,平均鲜穗亩产844.8千克,平均生育期(出苗至采收鲜穗)87.4天;2016年浙江省生产试验,平均鲜穗亩产919.2千克。

栽培要点:隔离种植,适时播种,合理密植,加强肥水管理减少秃尖,注意防治茎腐病、纹枯病和玉米螟。

2. 浙糯玉16

浙糯玉16品种植株和穗位偏高,生育期稍长,纯糯类型,外观商品性和蒸煮品质较优,田间抗病性较好。田间表现株形紧凑,叶色淡绿,平均株高263.6厘米,平均穗位高128.2厘米,感官品质、蒸煮品质综合评分86.3分。

东阳玉米研究所抗病性鉴定,高感小斑病,中抗大斑病,高抗茎腐病,中抗纹枯病。

2016—2017年两年浙江省糯玉米区域试验,平均鲜穗亩产925.5千克,平均生育期(出苗至采收鲜穗)88.3天;2017年浙江省生产试验,平均鲜穗亩产907.9千克。

栽培要点:隔离种植,加强苗期管理、蹲苗控高,种植密度以每亩3500株为宜,增施穗肥减少秃尖,注意防治小斑病。

(二)甜玉米

1. 雪甜7401

雪甜7401品种属鲜食水果型甜玉米单交种,籽粒通体呈奶白色,排列整齐,甜度高,淀粉含量低,剥皮后可直接食用。田间表现株形平展,叶色浓绿,平均株高157.1厘米,感官品质、蒸煮品质综合评分88.7分。

东阳玉米研究所抗病性鉴定,高感小斑病,中抗大斑病、茎腐病,高感纹枯病。

2016—2017年两年浙江省甜玉米区试,平均鲜穗亩产611.1千克,平均生育期(出苗至采收鲜穗)78.8天;2017年浙江省生产试验,平均鲜穗亩产673.5千克。

栽培要点:隔离种植,加强苗期管理促早发,应当选择土壤肥力高、排水好的田块作早春设施种植,种植密度以每亩3500株左右为宜,注意防治小斑病和纹枯病。

2. 金银208

金银208品种苗期耐低温、耐阴、耐湿能力较强,植株生长势较强，根系发达。田间表现平均株高147.1厘米，平均穗位高28.7厘米。品质佳，总糖含量33.2%，可溶性固形物含量15.3%，生食鲜甜可口，皮薄无渣，水分多，蒸煮风味更佳。

2015年浙江省甜玉米生产试验，平均鲜穗亩产877.4千克。春播生育期（出苗至采收）81.3天，抗倒伏，抗大小叶斑病，适合春季促早栽培。

栽培要点：隔离种植，建议覆膜种植或育苗移栽，移栽苗龄以不超3叶1心为宜。每亩保苗3500株左右，施足底肥，早施追肥、早中耕，重施穗肥。春播时，在吐丝期后的18~20天采收；秋播时，在吐丝期后20~22天采收为宜。注意及时防治地老虎、玉米螟等病虫害。

3. 浙甜12

浙甜12品种植株较高，株形半紧凑，丰产性和商品性较好。田间表现平均株高226.8厘米，平均穗位高75.4厘米，感官品质、蒸煮品质综合评分82.8分。

东阳玉米研究所抗病虫性鉴定，中抗大小斑病，感玉米螟。

2013—2014年两年浙江省甜玉米区域试验，平均鲜穗亩产813.1千克，平均生育期（出苗至采收鲜穗）84.9天；2015年浙江省生产试验，平均鲜穗亩产983.5千克。

栽培要点：隔离种植，苗期应加强田间管理，种植密度以每亩3300~3500株为宜，注意防治玉米螟。

（三）普通玉米

1. 济单7号

济单7号品种丰产性好，品质优，株形半紧凑，株高和穗位较高，不倒伏。田间表现幼苗叶鞘紫色，叶片浓绿、平展，株高260厘米左右，穗位110~120厘米，春播生育期124天，夏播生育期102天。

辽宁丹东农业科学院鉴定，中抗丝黑穗病，高抗弯孢菌叶斑病和小斑病,抗大斑病和灰斑病,中抗玉米螟,中感茎腐病,高感纹枯病。

一般亩产600千克左右。

栽培要点:4月上中旬播种,清种一般亩密度3000~3300株,中等以上肥力亩密度3300~3500株,提倡育苗移栽,注意防止倒伏。

2. 郑单958

郑单958品种幼苗长势一般,成株后株形紧凑,叶片上冲,叶尖稍下披,芽鞘呈紫色,叶色深绿。田间表现平均株高208.7厘米,平均穗位78.6厘米,粗蛋白、粗脂肪、粗淀粉和赖氨酸含量分别为8.47%、3.92%、73.42%和0.37%,达到国家优质玉米标准,其中粗淀粉含量达到工业用淀粉玉米二级标准。

河南省农业科学院、河北省农林科学院抗病(虫)性鉴定,高抗玉米大小斑病、玉米黑粉病、玉米粗缩病和玉米青枯病,抗玉米螟。

2010年浙江省玉米区域试验,平均亩产量450.4千克;2011年玉米生产试验,平均亩产量470.9千克。

栽培要点:每亩保苗3500~4000株,注意及时防治锈病和玉米螟等病虫害。

3. 京科968

京科968是北京市农林科学院玉米研究中心、北京金色农华种业科技股份有限公司选育的高淀粉玉米品种。该品种幼苗叶鞘呈紫色,花药呈紫色,株形半紧凑,平均株高282厘米。籽粒容重732克/升,粗蛋白含量约10.02%,粗脂肪含量约3.77%,粗淀粉含量约74.00%,赖氨酸含量约0.32%。

接种鉴定,中抗小斑病,感茎腐病和瘤黑粉病,高感穗腐病、弯孢叶斑病、粗缩病和南方锈病。

2016—2017年两年参加黄淮海夏玉米组区域试验,两年平均亩产646.05千克；2017年生产试验，平均亩产621.6千克。

栽培要点：施足基肥，适期播种，规范管理，注意预防穗腐病和弯孢叶斑病。

4. 苏玉10号

苏玉10号品种田间表现株形半紧凑，株高210～220厘米，穗位高80～85厘米。春播生育期98～99天，夏播生育期86～87天。籽粒粗蛋白含量约8.51%，粗脂肪约4.02%，赖氨酸约0.24%，粗淀粉约72.91%。

高抗茎腐病，抗弯孢菌叶斑病、灰斑病、穗腐病，中抗大斑病，中感小斑病。

1996—1997年两年参加东南玉米区域试验，平均亩产436.5千克；1998年生产试验，平均亩产527.8千克。

栽培要点：合理密植。在确保基肥前提下，重施穗肥。吐丝前后遇旱应及时浇水，以水调肥。

三、甘　薯

（一）心　香

心香品种为早熟鲜食迷你型甘薯，食用品质优，薯形美观，商品性好，适宜生育期（扦插至收获）100天左右。株形半直立，中短蔓，顶芽绿色凹陷，叶片呈心形，叶脉绿色，脉基紫色，叶柄绿色，茎绿色中粗。结薯浅而集中，前期膨大较快，单株结薯数4～8个，中小薯比例较高，薯块呈纺锤形，皮紫红色、较光滑，薯肉黄色。

2006年福建省农业科学院接种鉴定结果，抗蔓割病。

2006年浙江省甘薯品种对比试验，平均亩产鲜薯2061.4千克。生产上一般亩产鲜薯在1500千克左右。

栽培要点：该品种作为迷你甘薯栽培时应注意控制生育期，

适当增加种植密度，控氮增钾，适时收获，提高商品率。秋季栽种时最迟不宜迟于8月上旬。

（二）浙薯13

浙薯13属中晚熟品种，露地种植全生育期155天左右。青藤、长蔓，叶片较大，叶心形带齿，叶深绿色，叶脉紫红色，茎蔓绿色。单株结薯3~4个，大中薯率达89%以上，成熟时商品薯块呈纺锤形，薯皮紫红色，薯肉橘黄色。薯表皮光滑、无纵沟、不开裂，薯块外形美观，商品性好。口感粉，食味甜。中抗黑斑病，薯块耐储藏性较好，种薯发芽快，苗期长势旺，耐旱、耐瘠，氮肥过多易徒长。

该品种产量高，烘干率和出粉率高，食用品质和加工性能优良，抗旱耐瘠薄，可作为食用、淀粉加工和烤薯加工用品种。

栽培要点：推广酿热物温床地膜覆盖育苗方法，培育壮苗。选择无病斑的种薯经多菌灵药液浸种处理后，于3月中下旬进行温床地膜覆盖育苗。出苗前保持床温25~35℃，出苗后控制在20~25℃。要保持床土湿润，当发现土壤表面干白时，应及时洒一些水或稀人粪尿，以促苗迅速生长。待苗长至7~8张叶，20~30厘米高时及时剪苗扦插。

（三）浙薯75

浙薯75品种薯块膨大在中后期，种薯发芽快，薯苗较粗壮，中长蔓，叶片心形带齿，叶色绿；结薯集中，单株结薯数5~8个，薯块呈短纺锤形，薯皮白色，薯肉淡黄色，表皮光滑；薯块干物率30.3%，出粉率高，颜色白，鲜薯蒸煮食用口感粉而细腻，耐储性较好。

2006—2007年两年浙江省多点甘薯品种对比试验，平均鲜薯亩产2278.5千克；2008年生产试验，鲜薯亩产2351.3千克。

栽培要点：每亩扦插密度3000~4000株；施肥应控氮增钾，

防止徒长。

（四）浙薯33

浙薯33品种优质、薯形美观、产量高、出粉率高、适应性广、综合性状优良，浙薯13属中晚熟品种，露地种植全生育期155天左右。青藤、长蔓，叶片较大，叶心形带齿，叶深绿色，叶脉紫红色，茎蔓绿色。成熟时商品薯块呈纺锤形，薯皮紫红色，薯肉橘黄色。薯表皮光滑、无纵沟、不开裂，薯块外形美观，商品性好。中抗黑斑病，薯块耐储藏性较好，种薯发芽快，苗期长势旺，耐旱、耐瘠，氮肥过多易徒长。

栽培要点：选择无病斑的种薯经多菌灵药液浸种处理后，于3月中下旬进行温床地膜覆盖育苗。每亩扦插密度3000~4000株；控氮增钾，防止徒长。

四、马铃薯

（一）浙薯956

浙薯956品种株形直立，株高约60厘米，植株繁茂，生长势强，主茎粗壮，主茎数2~3个，茎绿色，顶小叶呈椭圆形。花冠白色，近五边形，大小中等，内生重瓣；柱头长，3裂，黄色锥形花药；块茎黄皮黄肉，椭圆形，表皮光滑，芽眼浅。单株结薯7个左右，大中薯率高。

中感晚疫病，中抗病毒病。

2018—2021年三年春季马铃薯新品种多点示范中，平均鲜薯亩产2882.4千克。

栽培要点：浙薯956属于中早熟品种，可作春、秋两季栽培，作春季早收栽培时，应采取地膜覆盖适期早播，播种期最早12月底，最晚3月初，适宜1月中旬至2月下旬播种，每亩4000株左右。在出苗55天后可提早收获上市。

（二）克新一号（紫花白）

克新一号为中熟品种，生育期95天左右（由出苗到茎叶枯黄）。株高70厘米左右，株形直立，茎粗壮、绿色，分枝数中等，茎粗壮，叶片肥大、绿色。块茎呈椭圆形或圆形，淡黄皮、白肉，表皮光滑，结薯集中，块大而整齐，芽眼深度中等，块茎休眠期长，耐储藏。丰产性好。

植株抗晚疫病，块茎感病，高抗环腐病，较耐涝，食味一般。

一般亩产2000千克左右，高产可达3000千克以上，增产潜力较大，抗旱性较强。

栽培要点：生产上应采用脱毒种薯。每亩适宜密度3500株。

五、高　粱

（一）川糯粱1号

川糯粱1号品种春播试验生育期平均122.5天。芽鞘、幼苗绿色，穗呈纺锤形，中散穗，红壳，红粒，胚乳糯质；平均株高181厘米，穗长35.2厘米，穗粒重72.5克，千粒重25.3克。干籽粒粗蛋白含量8.57%，总淀粉含量73.29%，单宁含量1.02%。

四川省农业科学院接种鉴定：该品种抗叶斑病，两年接种丝黑穗病平均发病率为9.0%，自然发病率为0。

2010—2011年两年参加四川省高粱多点试验，平均亩产433.5千克；2011年5个试点地区进行生产试验，平均亩产437千克。2018年开化县品种对比试验，该品种产量表现最高，平均亩产454千克。

栽培要点：土温稳定通过12℃即可播种，稀播、匀播。净作每亩种植7000～8000株，间套每亩种植4000～5000株；6～7叶移栽，重施底肥，早施追肥，每亩用纯氮10～15千克，多施有机肥，氮、磷、钾肥配施。注意防治蚜虫、穗螟和鸟害，避免使用有机磷农药。

（二）川糯粱2号

川糯粱2号品种春播全生育期平均114天，芽鞘、幼苗均为绿色，穗呈纺锤形，中散穗，红壳，红褐粒，胚乳白色、糯质。平均株高183.7厘米，穗长34.6厘米，穗粒重66.8克，千粒重21.5克。干籽粒粗蛋白含量8.81%，总淀粉72.89%，单宁0.92%。

四川省农业科学院抗性鉴定：丝黑穗病接种发病率为0。试验点观察记载：田间没有发现丝黑穗病株，无倒伏。

2012—2013年两年参加高粱春播多点试验，平均亩产408.6千克；2013年在5个试点进行春播生产试验，平均亩产437.9千克。

栽培要点：旬土温稳定通过12℃即可播种。稀播匀播，移栽叶龄在6～7叶，净作每亩种植7000～8000株，间套作每亩种植4000～5000株。重施底肥，早施追肥，每亩用纯氮10～12千克，多施有机肥，氮、磷、钾肥配施。注意防治蚜虫、桃蛀螟和鸟害，不能使用有机磷农药。

（三）晋糯3号

晋糯3号品种平均生育期120天，幼苗绿色，平均株高167.8厘米，穗长33.4厘米，穗粒重67.9克，千粒重27.4克，褐壳红粒，纺锤形穗，穗形中紧。总淀粉含量74.38%，粗脂肪含量3.44%，单宁含量1.01%。

丝黑穗病自然发病率0，接种发病率两年平均5.7%，表现为高抗丝黑穗病。

籽粒产量：第一生长周期平均亩产477.0千克，第二生长周期平均亩产393.1千克。近年来杨林镇试种表现良好。

栽培要点：适时播种，适当浅播，净作每亩种植密度为6000～8000株。施肥要重施底肥，增施有机肥，早施追肥，拔节前施完全部肥料。中等肥力田块,一般每亩施有机肥2000~3000千克、纯氮10~12千克、磷肥5~6千克。中后期防治蚜虫。

六、大　豆

(一)鲜食春大豆

1. 浙农6号

浙农6号的生育期为85天,属于有限结荚习性,平均株高37.5厘米,株形收敛,主茎节数9.1个,有效分枝3.9个。叶片为卵圆形,白花,灰毛,青荚淡绿色,镰刀形。单株有效荚数为25.7个,平均标准荚长5.6厘米,宽1.3厘米,每荚粒数1.9粒。平均百荚鲜重245.7克,平均百粒鲜重68.1克。干籽种皮呈黄色,百粒重32克。

农业农村部农产品质量监督检验测试中心检测,淀粉含量4.6%,可溶性总糖含量3.5%。该品种对大豆花叶病毒SC3和SC7株系表现为中感。

浙农6号平均亩产在800千克左右,豆荚宽,色绿,籽粒糯中微甜,加工品质好。该品种色泽好、豆荚大,豆仁口感好,产量也较高,适宜加工,深受市场欢迎。

栽培要点:3月中下旬至4月上中旬播种,每亩用种量约5千克,注意病毒病的防治。

2. 浙农11号

浙农11号株形收敛,主茎9~11节,有效分枝3~4个。叶片呈卵圆形,白花,灰毛,鲜荚绿色,微弯镰形。单株有效荚数30~35个,平均标准荚长5.5厘米,荚宽1.3厘米。平均百荚鲜质量334.2克,平均百粒鲜质量79.2克。

浙农11号平均亩产700千克左右。豆荚鼓粒饱满,商品性好,中晚熟,采收期长。

栽培要点:适时播种,每亩用种量约5千克,注意防治病毒病。

3. 浙鲜9号

浙鲜9号品种生育期85天。有限结荚习性,株形收敛,平均株高33.8厘米,主茎节数8.6个,有效分枝2.4个。叶片呈卵圆形,白花,灰毛,青荚淡绿色,弯镰刀形。淀粉含量4.69%,可溶性总糖含量2.88%。

南京农业大学国家大豆改良中心接种鉴定,中抗大豆花叶病毒SC15株系、中感SC18株系。

2012—2013年两年浙江省菜用大豆区域试验,平均鲜荚亩产624.8千克;2014年浙江省生产试验,平均鲜荚亩产654.8千克。

栽培要点:该品种中感大豆花叶病毒病SC18株系,苗期注意蚜虫防治,减少病毒病危害。

4. 浙鲜12

浙鲜12品种有限结荚习性,株形收敛,长势较好,生育期较早,鼓粒饱满,中感大豆花叶病毒病,丰产性较好,品质较优。平均株高37厘米,主茎节数9.2个,有效分枝数2.9个。叶片呈卵圆形,白花,灰毛,青荚淡绿,弯镰形。淀粉含量4.3%,可溶性总糖含量2.7%。

南京农业大学接种鉴定,感大豆花叶病毒病SC15,中感SC18株系。

2014—2015年两年浙江省鲜食大豆区域试验,平均亩产鲜荚657.7千克,平均生育期79.5天。2016年浙江省生产试验,平均亩产550.6千克。

栽培要点:施足基肥,苗期加强管理促早发,种植密度每亩1.5万株,苗期注意防治蚜虫。鼓粒后期追施氮肥,及时采收。

（二）鲜食秋大豆

1. 衢鲜5号

衢鲜5号品种有限结荚习性，主茎较粗壮，节数13.1个，叶片呈卵圆形，中等大小，紫花，灰毛。分枝数较强，为3.8个；单株有效荚32.0个，结荚性较好，以二粒荚为主。淀粉含量3.9%，可溶性总糖含量2.55%。

南京农业大学接种鉴定结果，中感SC3株系，感SC7株系。

2008—2010年三年浙江省秋季菜用大豆区域试验，平均亩产鲜荚604.9千克，全生育期（播种至采摘）80天左右。2010年浙江省秋季菜用大豆生产试验，平均亩产鲜荚699.1千克。

栽培要点：适时播种期为7月10日至8月15日，迟播适当增加密度，每亩种植密度最高不超过15000株，生产上注意防治病毒病。

2. 萧农秋艳

萧农秋艳品种有限开花结荚习性。株形收敛，主茎节数11~12节，有效分枝3.1个。叶片呈卵圆形，紫花，灰毛，分布较密。豆荚弯镰形，鲜荚深绿色。籽粒为椭圆形，粒形较大，平均百粒鲜重81.7克，鲜豆口感香甜柔糯。种皮为淡绿色，种脐淡褐色，子叶黄色，幼苗茎基呈紫红色。淀粉含量3.9%，可溶性糖含量2.63%。

南京农业大学中国大豆改良中心接种鉴定，感大豆花叶病毒SC3和SC7。

2008—2010年三年浙江省秋季菜用大豆区域试验，平均亩产鲜荚598.5千克。该品种生育期适中，丰产性好，商品性好，口感香甜柔糯。播种至采收全生育期78.8天。2010年浙江省秋季菜用大豆生产试验，平均亩产鲜荚743.4千克。

栽培要点：适期播种，适期采收，提高鲜荚商品性。

（三）干籽夏秋大豆

1. 衢秋7号

衢秋7号品种为有限结荚习性，株形收敛，平均株高67.0厘米，主茎节数13.9个，有效分枝数1.7个。叶片呈卵圆形，紫花，灰毛，种皮黄色，脐色淡褐，粒型扁圆。平均生育期102.1天。蛋白质含量43.3%，粗脂肪含量16.9%。

南京农业大学接种鉴定，2016年大豆花叶病毒病SC15株系病指16。

2015年衢州市区域试验平均亩产147.2千克；2016年衢州市区域试验平均亩产157.9千克。2017年衢州市生产试验平均亩产161.7千克。

栽培要点：适宜在7月中下旬播种，合理密植，每亩种植密度1万株左右，注意防治霜霉病。

2. 八月白

八月白品种株高84厘米左右，叶片呈椭圆形，白花，鲜荚绒毛灰色，鲜荚绿色；有限结荚习性，株形紧凑，分枝数4~5个，主茎节数13~15节；口感品质糯；种子种皮绿色，脐色淡褐，籽粒呈椭圆形；播种到成熟全生育期108天。

2012年衢州市鲜食夏大豆组区域试验中，平均亩产916.7千克。

栽培要点：一般在6月中下旬，晚播不迟于7月20日。合理定植，行距60厘米，穴距30厘米，每穴留苗2株，每亩留苗8000株左右，每亩用种6千克左右。注意抗旱排涝，花荚期保持土壤湿润。播后及时防病、治虫、除草，开花期注意防治好豆荚螟，在整个生长中后期，注意防治好斜纹夜蛾。采收前15天内禁止用药治虫。当籽粒充实饱满，豆荚呈青绿色时，适时采摘青荚。

七、油 菜

(一)常规油菜

1. 浙油 51

浙油51品种平均株高165.5厘米,株形紧凑,平均有效分枝位42.9厘米,一次有效分枝数平均10.2个,二次有效分枝数平均8.1个。角果与每角粒数多,千粒重高,耐湿性和抗倒性较强,丰产性好;含油量高,品质优。芥酸含量约0.1%,硫苷含量约22.1微摩尔/克,含油量约47.6%。

抗病性经浙江省农业科学院接种鉴定:菌核病株发病率38.0%,病情指数为26.3。

2010—2011年浙江省油菜区域试验平均亩产193.2千克,每亩产油量89.3千克;2011—2012年浙江省油菜区域试验平均亩产169.4千克,每亩产油量83.0千克;两年平均亩产181.3千克,每亩产油量86.15千克,平均全生育期230.1天,熟期适中。2012—2013年浙江省油菜生产试验平均亩产211.3千克。

栽培要点:重施基苗肥,需施硼肥,加强病虫害防治。

2. 浙大 622

浙大622品种平均株高为157.4厘米,平均有效分枝位28.9厘米,平均一次分枝11.1个,平均二次分枝15.1个。含油量约48.3%,硫甙含量约19.6微摩尔/克,芥酸含量约0.1%。

浙江省农业科学院鉴定,菌核病株发病率37.8%,病情指数27.7。

2010—2011年浙江省区域试验平均亩产181.5千克,每亩产油86.3千克;2011—2012年浙江省区域试验平均亩产181.7千克,每亩产油89.3千克;三年平均亩产180.6千克,每亩产油87.3千克,丰产性好,含油量高,平均全生育期230.5天,熟期适中。

2012—2013年浙江省油菜生产试验平均亩产205.1千克。

栽培要点：重施基苗肥，需施硼肥，做好病虫草害防治。

3. 浙大630

浙大630属中熟甘蓝型半冬性油菜，平均株高163.6厘米，平均有效分枝位32.5厘米，平均一次有效分枝数10.9个，平均二次有效分枝数8.6个，有效分枝位较低，分枝数多。芥酸含量约0.35%，硫苷含量约21.79微摩尔/克，含油量约49.21%。

浙江省农业科学院接种鉴定，菌核病株发病率48.0%，病情指数为33.18。

2012—2013年浙江省油菜区域试验平均亩产206.6千克，每亩产油量102.9千克；2013—2014年浙江省区域试验平均亩产191.2千克，每亩产油量92.9千克；两年平均亩产198.9千克，每亩产油量97.9千克，平均生育期228.2天。

栽培要点：适期早播早栽，增施硼肥。

4. 浙油505

浙油505平均株高157厘米，平均一次有效分枝数7.46个。食用油芥酸含量0%，硫苷含量约26.13微摩尔/克，含油量约48.68%，整个生长期间未发生冻害，易裂角。2018—2019年长江下游区调查结果显示，浙油505抗倒性强。

中国农业科学院油料所鉴定结果中抗菌核病。

平均亩产180千克左右。

栽培要点：移栽9月底播种，11月上旬移栽，秧龄30~35天。直播10月中旬播种，一般不超过10月底。移栽一般每亩密度6000~8000株，直播每亩留苗2.0万~3.0万株，早播稀，迟播宜密些。

（二）杂交油菜

1. 越优1203

越优1203品种平均株高175.8厘米，平均有效分枝位40.4厘米，平均一次分枝9.6个，平均二次分枝10.9个。芥酸含量约0.2%，硫苷含量约29.46微摩尔／克，含油量约45.74%。抗冻指数12.33，抗倒性强；未发生角果开裂。

根据浙江省油菜区试中的菌核病接种鉴定结果：2013—2014年，菌核病发病率为31%，病情指数23.6；2014—2015年，菌核病发病率为40%，病情指数28.3%。

2013—2014年浙江省油菜区域试验平均亩产206.4千克，平均产油量89.6千克，平均生育期227.6天；2014—2015年浙江省油菜区域试验平均亩产197.6千克，平均产油量90.4千克，平均生育期224.8天。

栽培要点：栽培上无特殊要求，可根据当地种植习惯和栽培水平种植，施足底肥，苗期和抽薹期可适当增施氮肥。可适当迟播、直播，较耐密植。适合机播机收。缺硼地区注意增施硼砂，抽薹初花期防治菌核病。

2. 越优1301

越优1301品种平均株高148厘米，平均有效分枝位31.4厘米，平均一次分枝8.2个，平均二次分枝6.8个。平均全生育期225.2天。芥酸含量约0.1%，硫苷含量约27.7微摩尔／克，含油量约47.28%。低抗菌核病。耐寒、抗倒性较好，收获时未发生角果开裂现象。

第一生长周期亩产187.2千克；第二生长周期亩产179.1千克。

栽培要点：栽培上无特殊要求，可根据当地种植习惯和栽培水平种植，施足底肥，苗期和抽薹期可适当增施氮肥。可适当迟播、直播，较耐密植。缺硼地区尤其山区注意增施硼肥，抽薹初花期防治菌核病。适合机播机收。

3. 浙油杂1403

浙油杂1403全生育期226.1天，平均株高171.0厘米，平均有效分枝位47.45厘米，平均一次分枝数8.65个，平均二次分枝7.95个。食用油芥酸含量约0.35%，硫苷含量约23.09微摩尔/克，含油量约47.46%。浙油杂1403属高产、高油、稳产品种，具有适应性广、抗倒伏、抗菌核病能力强、抗裂荚性好，抗寒性一般，适合机械化生产等特点。

2017—2018年长江下游联合鉴定试验平均亩产202.81千克，2018—2019年长江下游联合鉴定试验平均亩产208.99千克，两年平均亩产205.90千克，均居试验第一位，含油量平均为48.16%，芥酸平均含量0.41%，硫苷含量约21.97微摩尔/克。

栽培要点：适时早播，合理密植，科学用肥，做好病虫草害综合防治。越冬期和开春做好开沟排水防渍害，降低田间湿度以减轻病虫害发生。

第三章 关键技术

一、单季稻直播栽培

(一) 目标产量和技术路线

1. 目标产量

亩产650~700千克。

2. 技术路线

根据单季杂交水稻直播的生育特点，走以穗为主、穗粒并重的技术路线。

3. 技术措施

选用良种，适期播种，提高大田整地和播种质量，适当增加用种量，确保一播全苗；根据品种特性、土壤肥力水平和目标产量，确定适宜的施肥总量，采取施足基肥、早施追肥、巧施穗肥的科学施肥方法；加强各生育期的水浆管理和病虫草害防治，达到稳产高产。

(二) 关键技术

1. 选用良种

根据直播稻扎根浅，后期遇台风暴雨易倒伏的问题，选择生育期中偏长，株高适中、耐肥、抗倒、根系强大、穗粒兼顾型优质高产品种，如甬优1540、甬优15等。

2. 适期播种

空闲田于5月上旬播种，油菜田于5月下旬至6月上旬播种，最迟不宜超过6月10日。

3. 把好大田整地质量关

（1）宜在播种前7~10天进行，有利于紫云英等绿肥或杂草的分解腐烂。翻耕不宜过深，以适度旋耕为宜。

（2）力求田面秒平，畦面平整，尽量做到全田无高低落差或落差不超过3厘米。

（3）保持畦面表层软硬适中，宜在第二次翻耕整田后的翌日播种，以稻谷入土半粒或全粒为佳。

（4）开好畦沟、横沟、围沟、田外沟，做到沟沟相通，沟畦分明。畦面宽以3米为宜，沟宽以30厘米为宜。

4. 严把播种质量，确保一播全苗

为保证出苗数和每亩有效穗数，每亩播种（干谷）1~1.25千克。

（1）播前晒种6~8小时后，用清水选种，除去不饱满种子后，将沉在水底中的种子捞起，倒入配好的种子消毒液中进行浸种消毒，药剂可选用25%咪鲜胺（浸宝）2000倍液或25%氰烯菌酯2000倍液，浸种48小时。

（2）种子露白后即可播种，防止串根造成播种不匀，以提高出苗率。

（3）均匀播种。根据面积称出总用种子量，再除以田块畦面数，计算出每畦用种量后再行播种，以达到均匀播种。

（4）于播后当天，用扫把或铁锹轻压露出畦面的种子，使其陷入泥中，以防鸟害和有利出苗。

（5）带药下种。种子浸种消毒捞起待沥干水后，按每千克种子拌入25%蚍虫啉10克的比例进行拌种然后再催芽，种子下田前，将催过芽的种子每千克用35%拌得乐粉剂10克，拌匀后再播种，可有效防治稻飞虱和鸟害。

5. 适时除草

水稻直播田除草效果好坏是影响产量的关键要素之一。直播田稻种露白播种后2~7天,可选用30%丙苄可湿性粉剂封杀杂草,喷药时畦面不可有水层,以提高全面封杀新草的效果;播种出苗后20~30天,对部分刚长出的杂草,可选用60克/升五氟·氰氟草脂可分散油悬浮剂、20%氯氟吡氧乙酸乳油(阔叶草较多时)防除。喷药时要求稻板表面无水,喷药后24~48小时后放水入田封闭,水深以刚淹没杂草为宜,但不能漫到秧苗心叶,水层封闭5~7天自然露干后,按常规灌溉。

6. 科学合理施肥

掌握前促、中控、后补的施肥原则。

(1)结合耕、耖田,每亩施菜籽饼肥100千克或商品有机肥150~250千克(在第一次翻耕时施入)加碳酸氢铵30~40千克,过磷酸钙30~45千克或加"好乐耕"牌有机缓释专用肥35~50千克作底肥。

(2)播种后15~20天,在第二次喷除草剂前,每亩施绿驹能复合肥30~40千克或每亩追施尿素10~20千克、氯化钾15~25千克,促进秧苗早发棵,形成有效分蘖,从而提高有效穗和成穗率。

(3)单季杂交稻生育期较长,后期容易引起脱肥脱力,因此,结合搁田后第一次复水(播种后60~65天)根据苗情和缺肥程度每亩施用三元复合肥15~20千克,对明显落黄缺肥田块每亩加尿素2~5千克,穗期还可结合防病治虫增施喷施宝或磷酸二氢钾等叶面肥。

7. 合理水浆管理

(1)出苗至2叶1心期,原则上不灌水上畦面,保持晴天满沟水、阴天半沟水、雨天排干水。

(2)分蘖初、中期除施肥与病虫草害防治需合理水层外,以薄水灌溉为主促进分蘖,分蘖高峰-拔节初期视苗情开展搁田,搁田坚持苗到不等时,时到不等苗的原则,即当苗数达到预定穗数80%时开始搁田,当稻苗生长进入拔节阶段,即使没有达到预定苗数也要进行搁田,搁田方法是雨天重搁,晴天轻搁,烂泥田重搁,砂土田轻搁。

(3)孕穗-抽穗扬花期保持活水灌溉,以此降低夏季田间温度,促进幼穗分化,减少颖花退化,提高每穗粒数和结实率。

(4)灌浆结实期保持湿润灌溉为主,以促进灌浆结实,提高粒重,收获前5~7天灌1次跑马水,切忌断水过早。

8. 科学防控病虫害

病虫害防治掌握预防为主,综合控害,统防增效,绿色安全的原则。

及时防治水稻纹枯病、稻瘟病、稻曲病、稻蓟马、二化螟、稻丛卷叶螟、稻飞虱等病虫害。

二、绿色生态大米种植

(一)基地选择

建立生态大米种植基地,应选择生态环境优良,外界隔离条件好,水源充足,排灌分家,沟系配套,土壤有机质含量高,无污染,历年来病虫害发生少,集中连片,便于规模化生产的水田。

(二)选用优质高产抗病虫良种

选用甬优系列优质高产抗病虫杂交水稻组合,嘉丰优2号、泰两优217、中浙优8号、甬优15、甬优1540等品种。

(三)合理稀植

种植密度为每亩1万~1.25万丛,每丛栽插1本;提倡宽行窄株种植,移栽规格为(26.7~30)厘米×20厘米。

（四）科学施肥，增施有机肥和磷钾肥

1. 有机肥施用量

一般每亩有机肥的施用量应占总施肥量的30%以上，提倡秸秆还田和增施腐熟栏肥。

2. 施肥量及其比例

一般每亩施纯氮10~12千克，五氧化二磷5~6千克，氧化钾10~12千克，其比例为氮∶磷∶钾=1∶0.5∶1。

3. 施肥方法

采用适施基面肥，早施分蘖肥，看苗补施穗肥的施肥方法。一般氮肥用50%~60%作基面肥，20%~30%作分蘖肥，20%作穗肥；磷肥全部作基肥施用；钾肥基肥、蘖肥各占50%。

4. 施肥安全间隔期

15天以上，即收获前15天以后不再施肥。

（五）开沟作畦、干湿灌溉

1. 开沟作畦

用旋耕机耕耙两次后（第二次耕耙时，田水一定要浅灌，使耕耙后基本无水层），隔日待泥浆沉实后，每隔3~3.2米开一条丰产沟。

2. 干湿灌溉

坚持无水层小苗移栽，浅水返青，分蘖始期至有效分蘖终止期，保持畦面湿润状态，当每亩茎蘖苗数（约15万苗）达到有效穗数指标的80%时开始第一次搁田；搁田后至幼穗分化前保持畦面无水层，畦沟满沟水；幼穗分化后至抽穗前干湿交替，以湿润灌溉为主，花粉母细胞减数分裂期，灌浅水养胎，防止颖花退化。抽穗至成熟干干湿湿，交替灌溉。

（六）有害生物防控

1. 农业防治

选用抗性强的品种。品种定期轮换，保持品种抗性，减轻病虫害的发生；采用合理耕作制度、轮作换茬、健身栽培等农艺措施，减少有害生物的发生。

2. 生物防治

通过选择对天敌杀伤力小的中低毒性化学农药，避开自然天敌对农药的敏感时期，创造适宜自然天敌繁殖的环境等措施，保护天敌。大力推广以鸭治虫，每亩用小鸭10羽左右，保护利用害虫天敌（青蛙、蜘蛛、黑肩绿盲蝽等），提倡稻田养鱼、鳅治虫。在田埂四周，种植蜜源植物，如芝麻、香梗草等。

3. 物理防治

采用黑光灯、震频式杀虫灯、色光板等物理装置诱杀鳞翅目、同翅目害虫。在稻飞虱发生田块，利用黄色粘虫板诱杀。根据害虫趋光性特点，每隔20亩安装一盏太阳能杀虫灯诱杀。

4. 化学防治

在准确测报的基础上，治水田保大田，不达到防治指标不打药，保护和利用好天敌。

（1）稻瘟病。当田间出现发病中心时可选用20%三环唑粉剂防治。

（2）稻纹枯病。在水稻分蘖至孕穗期、抽穗期，当分蘖期丛发病率在15%～20%、孕穗期30%以上时，可选用5%井冈霉素水剂防治，低于此指标可以不施农药。

（3）稻曲病。在孕穗中、后期，可选用5%井冈霉素水剂防治。

（4）稻纵卷叶螟、二化螟。在低龄幼虫高峰期，达到防治指标的田块，每亩用8000IU/毫升苏云金杆菌200～400克兑水50千克喷雾。

（5）稻飞虱。在低龄若虫高峰期，达到防治指标的田块，可选用25%吡蚜酮粉剂防治。

（七）收　获

实行生态稻谷与普通稻谷分收、分晒。禁止在公路、沥青路面及粉尘污染严重的地方脱粒、晒谷。

严禁与有毒、有害、有腐蚀性、有异味的物品混运。贮藏设施应清洁、干燥、通风、无虫害和鼠害。严禁与有毒、有害、有腐蚀性，易发霉、发潮、有异味的物品混存。

三、油菜稻板免耕直播栽培

（一）播前准备

1. 湿润保墒

旱冬年份，前茬水稻收获前5～7天灌一次跑马水湿润土壤，利于油菜种子播后出苗。

2. 齐泥割稻

水稻收获时尽可能做到齐泥割稻，提高播种质量。

3. 填平坑洼

播种前将田间留下的人畜脚印或机械作业造成的坑洼整平，防止深籽闷种，提高出苗率。

（二）适期播种，提高播种质量

1. 品种选择

选择发芽势强、株形紧凑、株高适宜、抗逆较强的高产优质品种。

2. 适期播种

免耕直播油菜适宜播种期是10月中上旬，10月10日后越早播种产量越高，以充分利用冬前光热资源，形成一定的丰产苗架。

3. 科学安排覆土顺序

根据油菜播种期间天气状况，安排开沟覆土顺序，烂冬年份采用先开沟作畦后播种，旱冬年份采用先播种后开沟作畦覆土。采用先播种后开沟作畦覆土的，播种后将田块做成宽1.5米左右的畦面，每畦开1条20厘米宽，15厘米深的畦沟，田块四周开好围沟，确保沟沟相通，以利排除田间积水；采用先开沟作畦后播种的，于播前开沟作畦，整平畦面后再播种。

4. 适量匀播

每亩的播种量可根据播种时间和天气而定。免耕油菜一般比翻耕的春发差，需适当增密弥补，每亩播种量为200~250克。播前用清水或10%食盐水进行选种，除去不饱满的种子和杂质，清洗晾干后待播。播种时每亩用尿素2千克与油菜种子充分混合后即刻进行播种。播种时分纵横两次，均匀撒播。播种后用竹扫帚将畦面轻扫一遍，使种子落入土壤缝隙中，防止露籽。最后进行清沟，将沟中积土敲碎后均匀撒在畦面上。

（三）及时除草

播种后1~2天，在畦面保持湿润状态时，可选用50%乙草胺乳油，或10%草甘膦水剂进行芽前封杀和杀灭老草，喷雾时要求做到匀喷，不重喷、不漏喷。当油菜植株长到4~6叶，杂草2~3叶时，如田间杂草仍然较多，可选用17.5%精喹·草除灵乳油防除。

（四）加强田间管理

1. 及时间苗、补苗和定苗

（1）当油菜植株第1~2片真叶长出时即可进行间苗，用除去叶片的毛竹枝桠2~3枝捆成一小束，轻拍油菜幼苗较密处，使其一部分幼苗幼茎折断，以达到间苗之目的，既省工省力，间苗效果又好。

（2）当油菜植株第5~6片真叶长出时即可进行补苗和定苗，补苗定苗时要求间密补稀，间劣留优，每亩定苗1万~1.3万株。

2. 科学施肥

（1）一般每亩施油菜专用肥40~50千克，硼肥1.0千克；或尿素10千克，过磷酸钙25千克，氯化钾5~8千克，硼肥1.0千克；或三元进口复合肥20~25千克，硼砂1千克做基肥。

（2）在定苗后施用（4~6张真叶），每亩施尿素7.5~10千克。底肥不足，长势弱的田块可适当早追多施。

腊肥以农家肥、有机肥为主。

（3）一定要早施，一般在春节前后施用，每亩施尿素7.5~10千克或三元复合肥15~20千克。

同时，在苗期和初薹期各进行一次根外追施硼肥，每亩用硼砂100克，兑水50千克细喷雾。

3. 清沟排水

油菜怕渍水，在整个生育期间，应及时进行清沟排水，以降低地下水位，提高根系活力。

4. 化控防倒

一般在11月底至12月初，对生长好的田块，每亩用15%多效唑可湿性粉剂30~50克，兑水50千克喷雾。大壮苗多喷，小弱苗不喷，控旺促壮，保证幼苗安全越冬。直播油菜的多效唑应用也可推迟到油菜刚抽薹时喷施，抗倒、防寒较果也较好。

（五）病虫害防控

油菜出苗后至越冬前，易遭受蚜虫等害虫的为害，一旦发生，应及时进行防治，可选用10%吡虫啉粉剂，或20%吡虫啉粉剂防治。油菜抽薹后至初花期是油菜菌核病防治最佳适期，除了传统的摘除老黄叶，及时清沟排水等农艺措施外，重点应抓好化学农药的防治，在油菜初花与盛花期可选用50%腐霉利可湿性粉剂，或40%菌核净可湿性粉剂，或50%多菌灵粉剂防治。

（六）适时收获

当油菜角果95%以上呈现枇杷黄时，采用油菜收割机进行统一收获。

四、红高粱栽培

（一）选用良种

根据当地自然条件和生产条件，选择适合当地种植的优质、高产、适应性广和糯性强的品种，川糯粱1号、川糯粱2号、晋糯3号是目前主栽品种。

（二）合理轮作

高粱忌连作，重茬生长不健壮，穗粒数减少，病害严重，特别是容易加重高粱炭疽病的发生。同时，高粱根系发达，入土深，吸肥力强，消耗土壤养分较多，应进行合作轮作。

（三）深耕整地

高粱根系发达，入土深，深耕创造深厚疏松的耕层，可扩大根系吸收范围。前作收获后，结合施有机肥，立即耕翻、耙平、整细。在山坡或砂地，排水条件好，可采用3~4米宽的大垄平畦，坡地应等高筑畦，以防水土流失。水田和洼地，需筑高畦，畦宽2米左右。

（四）施足基肥

高粱不同生育阶段对养分吸收比例不同。基肥以有机肥为主，一般在春季翻耕时施入，也可在早春通过耙地施入土层，还可将肥料集中施入垄沟内，然后播种覆土。

（五）适时播种

1. 种子处理

选择无病、粒大、饱满的种子，于播种前选择晴朗、温暖的天气进行晒种3~4天，可加速发芽，提高发芽率。为了防止黑穗病，可用55~57℃温水浸种3~5分钟，晾干待播。

2. 播种期

春播提倡采用小拱棚或塑料大棚育苗移栽，播种期以日平均气温稳定通过10~12℃为宜，一般在3月下旬至4月初。夏播可采用条直播或穴直播的方式，播种期弹性较大，可根据品种生育长短和收获期要求，确定播期，一般在5月上旬至7月中下旬均可播种。川糯粱1号、川糯粱2号，夏播要求在5月下旬至6月底播种结束。

3. 播种量

采用育苗移栽的，按秧本比1:10的要求留足苗地，用种量按每亩大田0.5千克准备种子，每亩苗床播种量5千克。采用条直播或穴直播的，按每亩0.6~0.75千克用种量准备种子。

4. 种植密度

一般株形紧凑，叶较窄短、中矮秆的早熟品种宜于密植；而叶片着生角度大和叶形较大，对肥水要求高，秆高晚熟的品种，应较稀。肥地宜密，薄地宜稀。在中等肥力条件下，川糯粱1号、川糯粱2号每亩以6000~8000株为宜，行株距（40~45）厘米×20厘米。

5. 育苗移栽

一般于4月中下旬移栽。育苗时种子要播匀，播后浅盖一层细土或焦泥灰，再搭小拱棚，覆盖农膜。高粱育苗一般施足底肥后不再追肥。如幼苗黄瘦，要用腐熟人粪尿追肥。苗高5~10厘米时，间苗除草，使株距保持3厘米左右，苗床干旱可适当浇水。通常秧龄25~30天，叶龄4~4.5叶，苗高15厘米左右移栽最适宜。

（六）施好种肥

生产上常用高质量并充分腐熟后的农家肥、商品有机肥和进口复合肥、钙镁磷肥等作种肥。一般每亩施精致农家肥100千克或商品有机肥100~150千克加进口复合肥10~15千克加钙镁磷肥10~15千克作种肥，注意施用时，应与种子间隔一定的距离。

（七）田间管理

1. 间苗定苗

采用条直播或穴直播种植方式的，当地上部长出3~4片叶时进行间苗，拔除密集在一起的小苗、病苗和弱苗；5叶时进行定苗，按种植密度等距留苗。

2. 中耕培土

结合间苗、定苗进行中耕除草，促进高粱的正常生长发育。第一次中耕在间苗后3~4叶时进行，中耕宜浅；第二次中耕在定苗后，可较深，10~12厘米，第三次中耕结合灌水培土，深度8~10厘米，要掌握行中深，苗边浅，不伤根的原则。采用育苗移栽种植方式的，一般中耕1~2次，第一次在移栽后10天左右，进行浅中耕，促进根系向下生长，第二次结合追拔节肥壮秆肥，进行中耕培土，促进高粱支持根的形成，增强抗倒能力。

3. 去蘖

单秆型品种分蘖对产量贡献不大，在中耕除草时，及时除去。分蘖型品种可适当留蘖，田间去留分蘖数量，应根据土壤肥力、种植密度和当地无霜期长短及播种迟早而定。

4. 追　肥

高粱生育期长，需肥较多，生育中期宜再追施1~2次肥料。第一次追肥一般在拔节初期，每亩施进口复合肥15千克加尿素5千克。第二次看田间苗情施肥，如植株长势差，可在挑旗时（旗叶展开）轻施穗肥，有保花增粒、防止植株早衰作用。两次追肥以前重后轻的效果较好。

5. 水分管理

高粱苗期需水量少，不耐涝，不十分干旱不灌溉。5—6月降水较多，须注意排水。拔节至开花为高粱生长最快、耗水量最大时期，需有250~300毫米雨量才能满足要求，7—8月，春高粱正处于伏旱阶段，有条件的地方，应进行灌溉。拔节后高粱较耐淹水，但田间积水时间长，对根系不利。因此，河边洼地种植高粱，应注意及时排涝。

（八）病虫害防控

炭疽病、蚜虫、玉米螟、草地贪夜蛾是高粱主要病虫害。

1. 炭疽病

炭疽病从苗期到成株期均可染病。苗期染病为害叶片，导致叶枯，造成高粱死苗。叶片染病病斑呈梭形，中间红褐色，边缘紫红色，病斑上现密集小黑点，即病原菌分生孢子盘。炭疽病多从叶片顶端开始发生，严重的造成叶片局部或大部枯死。叶鞘染病病斑较大，椭圆形，后期也密生小黑点。高粱抽穗后，病菌还可侵染幼嫩的穗颈，受害处形成较大的病斑，其上也生小黑点，易造成病穗倒折。此外还可为害穗轴和枝梗或茎秆，造成腐败。

防治方法：用种子重量0.5%的50%福美双可湿性粉剂，或50%拌种双可湿性粉剂，或50%多菌灵可湿性粉剂拌种，可防治苗期种子传染的炭疽病。在该病流行年份或个别田块开始发病时，可选用36%甲基硫菌灵可湿性粉剂，或50%多菌灵可湿性粉剂，或50%苯菌灵可湿性粉剂，或25%炭特灵可湿性粉剂防治。孕穗期是发病高峰期，也是防病的重点时期。

2. 蚜　虫

蚜虫产生为害时会排出大量的蜜露污染叶片和果实，从而引起煤污病的发生，影响植物光合作用，蚜虫还能传播病毒病，造成病毒病的大面积发生。

防治蚜虫可选用25%吡蚜酮，或50%吡蚜酮粉剂，虫量高的田块应加30%烯啶虫胺可溶性液剂，用大喷头喷雨至基部，注意兑水量要充足。

3. 玉米螟、草地贪夜蛾

玉米螟主要以幼虫蛀茎为害，破坏茎秆组织，影响养分运输，使植株受损，严重时茎秆遇风折断。

草地贪夜蛾幼虫取食叶片可造成落叶，其后转移为害。有时大量幼虫以切根方式为害，切断种苗和幼小植株的茎。低龄幼虫取食后，叶脉成窗纱状。老龄幼虫同切根虫一样，可将30日龄的幼苗沿基部切断。种群数量大时，幼虫如行军状，成群扩散。环境有利时，常留在杂草中。

防治玉米螟、草地贪夜蛾可选用5.7%甲维盐微乳剂，或20%氯虫苯甲酰胺悬浮剂，或5%氟铃脲乳油灌心。

（九）适时收获

粒用高粱在蜡熟末期收获最适宜。糖用高粱宜在乳熟期收割，迟收茎秆含糖量大大降低。帚用高粱穗枝梗在乳熟期最坚韧，符合制帚品质要求，故应在乳熟期收割。

五、衢鲜5号鲜食大豆栽培

（一）适期播种

衢鲜5号作秋季鲜食大豆种植，适宜播种期为7月中旬至7月底，最迟不宜超过8月20日。

（二）合理密植

秋播密度每亩0.8万～1万株，作秋延后种植密度每亩1.3万株左右。种植方式采用宽行窄株,每穴留苗1~2株。

(三) 科学施肥,合理灌溉

衢鲜5号耐肥,抗倒性较强,施肥应以基肥为主,增施磷钾肥,每亩基肥一般施复合肥30千克,苗期追施复合肥10千克,始花期根据田间长势施好花荚肥。秋大豆生育期间应根据天气情况灌1~2次跑马水,确保大豆正常生长。

(四) 化学调控

对生长过旺易出现倒伏的田块,在初花期选用15%多效唑可湿性粉剂喷施,能有效防止倒伏,增加单株结荚数和百粒重。

(五) 病虫害防控

1. 立枯病

立枯病主要危害幼苗茎基部或地下根部,初为椭圆形或不规则暗褐色病斑,病苗早期白天萎蔫,夜间恢复,病部逐渐凹陷、溢缩,有的渐变为黑褐色,当病斑扩大绕茎一周时,最后干枯死亡,但不倒伏。农药防治可选用25%甲霜灵可湿性粉剂浸种或拌种,或选用99%噁霉灵可湿性粉剂1~2千克,拌肥撒入土壤,进行土壤处理;发生立枯病时,可选用99%噁霉灵可湿性粉剂兑水适量喷洒苗床,或选用25%甲霜灵可湿性粉剂防治。

2. 炭疽病

炭疽病的症状表现形式多样。叶片、果实和茎、枝受害后都会发生黑色水渍型、黑色坏疽型和黑色斑点型三种症状;根部受炭疽病感染后,会出现腐烂和凋萎现象。发生炭疽病后,可使用70%甲基托布津可湿性粉剂,或25%炭特灵可湿性粉剂,或30%苯醚甲环唑悬浮剂防治。

3. 锈 病

锈病受害部位可因孢子积集而产生不同颜色的小疱点或疱状、

杯状、毛状物，有的还可在枝干上引起肿瘤、粗皮、丛枝、曲枝等症状，或造成落叶、焦梢、生长不良等。发生锈病后，可选用75%百菌清可湿性粉剂粉，或12.5%腈菌唑乳油防治。

4. 斜纹夜蛾、甜菜夜蛾

斜纹夜蛾和甜菜夜蛾主要以幼虫为害，幼虫食性杂，且食量大，初孵幼虫在叶背为害，取食叶肉，仅留下表皮；3龄幼虫后造成叶片缺刻、残缺不堪甚至全部吃光，容易暴发成灾。发生斜纹夜蛾和甜菜夜蛾为害，可选用5%抑太保乳油，或15%安打悬浮剂，或10%除尽悬浮剂防治。

5. 豆荚螟、豆秆蝇

豆荚螟幼虫食害叶片、嫩茎、花蕾、嫩荚；低龄幼虫钻入花蕾为害，引起花蕾和幼荚脱落，3龄幼虫蛀入嫩荚内取食豆粒。豆秆蝇在叶柄和内蛀食髓部及木质部，苗期被害可致死苗或后期豆株早衰，荚少且小，常无子粒，或子实不饱满。发生豆荚螟、豆秆蝇危害，可使用5.7%甲维盐微乳剂，或20%氯虫苯甲酰胺悬浮剂防治。

6. 蚜虫、蓟马、白粉虱

蚜虫会排出大量的蜜露污染叶片和豆荚，从而引起煤污病的发生，影响植物光合作用。蚜虫还能传播病毒病。蓟马常以锉吸式口器锉破大豆的表皮组织吮吸其汁液，引起大豆植株萎蔫，造成籽粒干瘪，影响产量和品质。白粉虱粉虱在吸食植物汁液的同时，还能分泌大量的蜜露，诱发霉污病，严重时叶片呈黑色，影响植物的光合作用，导致植物生长不良。发生蚜虫、蓟马、白粉虱为害，可选用5%吡虫啉粉剂，或3%啶虫脒微乳剂防治。

（六）适时采收

鲜食豆荚应分次收获，当植株上有80%豆荚已饱满时采收，采收后应放在阴凉处，以保持新鲜，并及时上市销售。

六、鲜食玉米栽培

（一）品种选择

鲜食玉米主要有甜玉米、糯玉米、甜加糯玉米等类型。品种选择上应根据当地气候特点和人们饮食习惯，选用表现优良，产量高，甜糯性好，口感甜糯香脆，果穗均匀，出籽率高，抗病性强的优良品种，品种生育期选择早、中、晚熟搭配，以延长市场供应时间，充分满足市场需求。

（二）适期播种

玉米发芽的最适温度是28～35℃，最低发芽温度为8～10℃，但一般以地表5～10厘米土层温度稳定在10～12℃时播种比较适宜。春季种植在3月下旬即可播种，采用地膜覆盖种植的可适当提前，采用大棚设施栽培可提前1个月播种；秋季种植可在7月下旬至8月上旬播种。因鲜食玉米采收期短，应采取分期播种，分批采收的方式，以利于销售和满足市场需求。

（三）合理密植

种植密度根据品种类型、土壤肥力水平、品种生育期进行合理确定，其原则是：早熟品种宜密，晚熟品种宜稀；肥力水平高的地区宜密、肥力水平差的地区宜稀。一般高肥田块每亩种植3500株，行距60厘米，株距27～28厘米，每畦种2行，地膜覆盖可采用宽窄行方式，便于覆膜和采收，宽行80厘米，窄行40厘米。播种质量应确保玉米苗在田间分布均匀，无缺苗断垄。

（四）隔离种植

甜、糯玉米生产过程中需要控制纯度，一旦接受其他类型玉米的花粉，就会严重影响其甜、糯风味及品质，需隔离种植。隔离一般分空间隔离和时间隔离2种方式。空间隔离一般要求300米以上范围内不种植其他类型的玉米；时间隔离是把隔离区内的玉米与隔离区外玉米花期错开，间隔时间25天以上。

（五）科学施肥

施足基肥，及时追肥，重施穗肥。在中等肥力的水平下，每亩施入总氮量18～20千克，玉米是高氮作物，氮、磷、钾比例以3∶1∶1为宜。基肥一般每亩施有机肥1000～2000千克，复合肥（15-15-15）35千克左右，尿素5千克。第一次追肥在幼苗移栽成活后，或直播田定苗时施用，每亩用复合肥10千克，第二次（穗肥）在拔节期玉米处于喇叭口期用尿素20千克、复合肥20千克，攻穗肥结合中耕培土，可防止后期倒伏。吐丝授粉后看苗长势，进行叶面喷施玉米叶面肥。

（六）水分管理

根据不同时期需水量变化的规律，合理进行灌溉。苗期注意防涝，生长中后期防干旱，对玉米抽雄至吐丝前后和灌浆期等对水分需求敏感时期，要加强管理。田间水分不足要及时灌溉。多雨季节注意排涝，如田间出现涝害，应及时将积水排出。

（七）病虫害防控

在采收鲜食玉米的情况下不必用药剂防治。但是苗期蝼蛄、蛴螬和地老虎为害会造成缺苗断垄，必须防治地下害虫，药剂可用辛硫磷。中后期玉米螟为害较重，会特别影响品质，防治上可采用生物药剂，如Bt乳剂灌心，化学药剂可用5%锐劲特1000倍液对准穗部喷雾。但严禁使用高残毒和剧毒农药，以保证人们食用安全。

（八）及时采收

采收期是否适宜与产品的品质有密切关系。适期采收的鲜穗，皮薄、甜度高、风味好。适期采收应用授粉后天数来判断，气温高时授粉后20~22天就可收获，气温较低时授粉后25~27天可收获。春季栽培采收期气温高，采收期控制在2天左右，秋季栽培气温低，采收期可适当延长，采收时应连苞叶一起采下，并迅速上市。鲜食玉米应单独装车运输，得与其他货物混运，且储藏处要有明显标识。

七、普通玉米亩产500千克栽培

（一）适期播种

普通玉米如果计划7月底收获，则应掌握在3月25日至4月10日之间播种；为了预防高温影响及锈病发生，最迟播种期应掌握在4月底前。

（二）合理密植

种植玉米可按窄窄宽方法进行种植，即三行玉米行距按50厘米间距25厘米种植，确保每亩有效苗数4400株。同时，设工作行行距为75厘米，这样有利于病虫防治和施肥。玉米的种植方式有以下三种：一是单粒双粒种植。在确定的玉米种植行间距，采用"单－双－单－双"种植及"1粒-2粒"有序种植。待种植玉米生长达到三叶时，及时就地带土补苗。二是单粒玉米种植。在定植的玉米种植行中，以每穴1粒玉米种，进行依次种植，在种植的当天运用育苗穴盘进行同一品种的玉米种进行育苗，以备缺苗时及时补苗。三是育苗穴盘育苗。计划好所需种植的玉米田块进行穴盆育苗，单苗带土定植。

（三）适时追肥，防治地下害虫

玉米种植的田块在玉米出苗后，及时施肥，施肥方法可采用行距穴施。待玉米缺苗补齐后，每亩用复合肥30千克加尿素10

千克，再加3%辛硫磷2~2.5千克，拌匀进行玉米行间距穴施，这样既能促进玉米生长，又能防治地下害虫地老虎等为害。

（四）病虫害防控

当玉米生长到3~7叶，认真观察、检查玉米地块草地贪夜蛾的发生程度，如有害虫为害应立即用药，可选用1%阿维菌素苯甲酸盐微乳剂防治。

（五）玉米大喇叭时期管理

在玉米长有八叶一芯时，采用每亩尿素10千克、氯化钾5千克进行补充施肥。同时做好病虫防治，防治蚜虫可选用25%吡虫啉可湿性粉剂，防治玉米螟虫、草地贪夜蛾可选用1%甲氨基阿维菌素甲酸盐微乳剂。

（六）适时采收

待玉米完全成熟，玉米棒有部分下垂现象时进行收获。

八、小香薯栽培

（一）土壤要求

小香薯种植土地宜选择地势较高、排水良好、沙壤土或者土质比较疏松的中性沙性土。沙性土壤透水透气性强，种植出来的小香薯表皮光洁、品质较好，且产量比黏性土壤高。同时，栽种地块应3年以上没有种植过同类作物。

（二）整地起垄

整地和施肥都是小香薯栽种前的关键环节。晴天进行整地，土块要打碎打细，以保证肥料施在垄底。小香薯通常是先起垄后栽种，起垄要做到垄形的肥胖，垄内无硬心和大垡。水田、平地垄距100厘米,山区旱地可适当窄些,垄高约40厘米,垄面平,垄沟窄深。

(三)育苗

1. 栽培方式

对于常规栽培,可以采用地膜种植或者露地栽培,利用小拱棚加地膜两层保温育苗,或利用塑料大棚进行保温培育幼苗。如果小香薯计划提前上市,可以采用温室或者大棚种植,采用"大棚+小拱棚+地膜"三层保持好温度进行育苗。南北向作畦床,畦床宽1米左右,畦埂宽度约20厘米,畦深15~20厘米,畦底覆盖一层农家肥或商品有机肥后浇水覆土,薯种采取平放育苗,从而达到更多的苗数。

2. 排 种

排种采用斜排法,排种密度间隔以2~3厘米较为适宜,不要超过5厘米,否则影响出苗。排种之后将50%多菌灵可湿性粉剂,或70%甲基硫菌灵可湿性粉剂兑换成500倍药液喷洒在种薯上,再覆盖2~3厘米厚度的土壤,苗床上铺盖地膜。当60%薯块出芽后揭掉地膜。晴天气温20℃以上时,要经常打开大棚膜和拱棚膜两端进行通风。剪苗之前为尽快使薯苗适应大田的环境,要提前3~5天揭膜炼苗,薯苗有6~8张完整叶片,苗长20~25厘米时,可以剪苗栽种到大田。

(四)适时早栽

1. 栽种壮苗

当日平均气温稳定在15℃时,将苗床中秧苗日晒3~5天以充分炼苗。薯苗要求茎秆粗壮,根系发达,叶片旺盛,苗高20~25厘米,单株节间5~7个,无病虫害。高剪苗移栽前用50%辛硫磷乳油兑水稀释后蘸苗20分钟,或用50%多菌灵可湿性粉剂兑水稀释后蘸苗3~4分钟,可降低茎线虫病、黑斑病发病株率。4月中下旬栽植，设施栽培条件下可提前1个月栽植。第二茬可用前茬无病虫害健壮藤苗，降低生产成本。

2. 栽植方法

栽种薯苗采取平埋方法，将每枝薯苗剪成七叶左右，在苗床上开沟，将薯苗3~4个节位水平插或斜插入土中，留出顶端两叶在土层上面，其余压入土中3厘米以上，有利于薯苗成活和结薯分散均匀，提高产量和品质。

3. 栽植密度

小香薯栽植密度要根据地力、水肥条件确定，高肥水地要稀；反之宜密，晚栽密度应该越大，一般要求每亩达4000株左右。

（五）田间管理

1. 中耕除草

茎叶封垄之前，结合中耕除草进行培土，生长中期人工除草，不必翻藤，也可于定植后使用乙草胺来进行化学除草。

2. 旱灌涝排

小香薯生育后期遇梅雨、秋涝，为避免土壤缺氧，影响块根膨大，应及时排水。遇秋旱可及时浇水，有条件的可采用喷灌，做到沟里有水垄面干，灌水12小时后排干沟水。

3. 施 肥

施好底肥是小香薯高产的关键，沙质土地块、肥力高的地块施用底肥要适当少些，并适当深施，避免施含氮高的肥料，追肥可适当多些。黏质土地块、瘠薄地块可多施底肥并配合施适量的氮肥，利于改善土壤结构。有机肥要腐熟后施用，集中施于埂下内层，使下层养分不断地供植株生长，利于根系生长。生育后期要喷施叶面肥，应做到氮、磷、钾肥合理搭配。久晴无雨天可少量喷施，遇雨及时补喷。块根膨大期追施裂缝肥，顺根部裂缝浇灌氮肥，按每亩施尿素3~5千克兑水50千克。

(六)病虫害防控

小香薯病虫害较轻,主要病害有黑斑病、软腐病,若引种不当或连续种植可导致茎腐病发生。主要地下虫害有蛴螬、金针虫,地上害虫主要有斜纹夜蛾等,应注意防治。实行水旱轮作,可有效降低病虫基数。若发生病害,可选用20%噻菌铜悬浮剂,或20%噻森铜悬浮剂防治黑斑病、软腐病、茎腐病。地上害虫在7—9月为害严重,于害虫1~2龄幼虫期,可选用5%氯虫苯酰胺悬浮剂,或5.7%甲氨基阿维菌素苯甲酸盐水分散粒剂防治;防治地下害虫可选用3%辛硫磷颗粒剂,或0.2%联苯菊酯悬浮剂。

(七)收 获

小香薯种植3个月后可收获。生长时间过长影响口感,单株结薯数4~8个,薯块呈长纺锤形,以中小薯居多。由于结薯浅而较集中,适宜使用机械化采收,最迟于霜降前完成。

九、马铃薯高产栽培

(一)选用良种

脱毒种薯出苗早、植株健壮、叶片肥大、根系发达、抗逆性强、增产潜力大。因此,生产上可以选用优质、抗病、高产的脱毒品种,如浙薯956、克新一号(紫花白)等。

(二)选地整地

种植马铃薯的地块要选择三年内没有种过马铃薯和其他茄科作物的地块;马铃薯与玉米、小麦等植物轮作增产效果较好。

马铃薯块茎膨大需要疏松肥沃的土壤。因此,种植马铃薯的地块最好选择地势平坦,土地疏松,肥沃,灌溉条件及排水良好、耕层深厚的沙壤土。

前茬作物收获后，要进行深耕细耙，然后按畦宽80厘米，沟宽30厘米，沟深30厘米开沟作畦。在畦面上开好种植沟，按每亩用硫酸钾复合肥125~150千克、尿素20千克的标准将肥料均匀施入种植沟，结合清沟将沟土覆垄，并挖好四周边沟，做到沟沟相通，排灌通畅。

（三）施足底肥

马铃薯的基肥要占总用肥量的3/5或2/3。基肥以腐熟的堆厩肥和人畜粪等有机肥为主，配合磷、钾肥。大田翻耕后，按每亩1000千克的标准先将商品有机肥撒入待耕土地上，再进行全田深翻耕，充分将有机肥与土壤混合。

（四）种薯处理

1. 精选种薯

按大田每亩用种量150千克准备种薯。选择种薯时，要求无病虫、无腐烂、未发芽，要严格去除表皮龟裂、畸形、尖头、芽眼坏死、生有病斑或脐部黑腐的块茎。同时，薯形规整、薯皮光滑、色泽鲜明，具有品种典型特征，重量为50~100克大小的健康种薯作种。

2. 种薯切块与小整薯作种

种薯切块种植，能促进块茎内外氧气交换，破除休眠，提早发芽和出苗。当天种植，当天切块。切块时，要顺着纵向把马铃薯切开，50~100克的切成2块，100克以上的可切成4~6块，因为马铃薯的发芽优势在顶端，因此切忌横切，以防止不出芽。切块时要剔除病薯，切块的用具要严格消毒，以防传病。切好后，用多菌灵500倍液浸种10分钟消毒后种植。

（五）适时播种

确定马铃薯播种适期的重要条件是生育期的温度，原则上要使马铃薯结薯盛期处在日平均温度15~25℃条件下。而适于块茎持续生长的这段时期越长,总产量也越高。

春种在12月下旬至3月中旬均可播种,秋种在9月种植,11月收获。

（六）合理密植

从群体和个体协调发展考虑,马铃薯在一般栽培水平下,采用畦面双行种植,株距30厘米,每亩种植4000~4500株。播好后等待下雨过后土壤完全湿透,再将黑色薄膜覆盖于畦上,既保温保湿又能防除杂草。

（七）田间管理

1. 查苗补苗

当薯苗出土时进行人工辅助破膜。马铃薯苗出齐后,要及时进行查苗,有缺苗的及时补苗,以保证全苗。

补苗的方法:播种时将多余的薯块密植于田间地头,用来补苗。补苗时,缺穴中如有病烂薯,要先将病薯和其周围土挖掉再补苗。土壤干旱时,应挖穴浇水且结合施用少量肥料后栽苗,以减少缓苗时间,尽快恢复生长。

如果没有备用苗,可从田间出苗的垄行间,选取多苗的穴,自其母薯块基部掰下多余的苗,进行移植补苗。

2. 中耕培土

中耕松土,使结薯层土壤疏松通气,利于根系生长、匍匐茎伸长和块茎膨大。出苗前如土面板结,应进行松土,以利出苗。

齐苗后及时进行第一次中耕,深度8~10厘米,并结合除草;第一次中耕后10~15天,进行第二次中耕,宜稍浅;现蕾时,进行第三次中耕,比第二次中耕更浅,并结合培土,培土厚度不超过10厘米,以增厚结薯层,避免薯块外露,降低品质。

雨季及时抓好田间清沟排水,并清除田沟及四周杂草。

3. 追　肥

马铃薯从播种到出苗时间较长，出苗后，要及早用清粪水加少量氮素化肥追施芽苗肥，以促进幼苗迅速生长。

现蕾期结合培土追施一次结薯肥，以钾肥为主，配合氮肥，施肥量视植株长势长相而定。开花以后，一般不再施肥，若后期表现脱肥早衰现象，可用磷钾或结合微量元素进行叶面喷施。

（八）病虫害防控

马铃薯常见的病害有病毒病、晚疫病、青枯病、环腐病、疮痂病、癌肿病等。晚疫病多在雨水较多时节和植株花期前后发生。因此，要注意及早用波尔多液或瑞毒霉进行防治。青枯病目前药剂防治较难，防治方法主要通过合理轮作、选用抗病品种以及用小整薯作种等措施进行防治。

马铃薯的害虫主要有瓢虫、土蚕、蚜虫、蛴螬、蝼蛄等，可用药剂或人工捕杀等措施防治。

（九）收　获

当马铃薯的花朵凋谢，并且植株上的茎叶转黄，周皮变厚，块茎干物质含量达到最大值，为食用和加工用块茎的最适收获期。种用块茎应提前5~7天收获。收获应选晴朗干燥天气进行。收前1~2天割掉茎叶和清除田间残留的枝叶，以免病菌侵染块茎。收获过程中，要尽量减少机械损伤，并要避免块茎在烈日下长时间暴晒而降低种用和食用品质。

十、稻渔综合种养

（一）稻田选择

稻渔综合种养场地应选择环境安静、水质清洁、水源充足、排灌方便、保水保肥性能好、不受旱涝影响的稻田，土质以保水性好的黏性壤土为佳。同时，需符合水稻产地环境技术条件和渔业水质标准。

（二）田间工程

稻渔综合种养根据不同养殖品种，做好田间工程改造。对于新开挖的养鱼稻田，进、排水口一般设在稻田的两对角，以保证水流畅通，进、排水口大小根据稻田排水量而定。对于旧的养鱼稻田应进行检查，夯实进、排水口，防止漏水。

对于新开挖的养鱼稻田，在插秧之前开挖好鱼沟、鱼凼（沟坑占比不超过稻田面积的10%），并加固田埂，可在坡边和田埂种植三叶草等植物护坡稳坡。对于旧的养鱼稻田则需要对鱼凼、鱼坑等进行整修。

同时，在进、排水口处安装拦鱼栅，防止鱼逃走和野杂鱼、敌害等进入养鱼稻田。

（三）水稻栽种

稻渔综合种养应选择抗病虫能力强、叶片角度小、透光性好、抗倒性强、成穗率高、穗大、结实率高的优质高产品种。稻渔共生田块应采用机插或人工移栽方式以减少杂草，种植密度应稍小于水稻单作，一般杂交稻插种密度控制在30厘米×（23~27）厘米，每亩插足0.8万~1.0万丛，每丛1~2本；常规晚稻种植密度控制在30厘米×（16~20）厘米，每亩插足1万~1.2万丛，每丛2~3本。收割前7天水位降到田面以下。

养鱼稻田应比单作稻田减少施肥次数和施肥量，根据养殖密度和土壤状况酌情施肥，可采取一次性基施的方式。稻渔种养田块应减少农药的使用，禁止施用对鱼类有害的农药，采用绿色生态防控措施为主，必要时使用高效低毒农药。水稻秸秆宜还田利用，促进稻田地力修复。

（四）水产动物养殖

稻渔综合种养宜选择适合稻田环境、抗病抗逆、品质优、易捕捞、适宜产业化经营的水产养殖品种，如中华鳖、小龙虾、青虾、红螯螯虾、田鱼、禾花鱼、泥鳅、河蟹等。应结合水产养殖动物生长特性、水稻稳产和稻田生态环保的要求，合理设定水产养殖动物的最高目标单产。渔用配合饲料安全限量符合农业行业标准的要求。稻田中严禁施用抗菌类和杀虫类渔用药物，严格控制消毒类、水质改良类渔用药物施用。

（五）生态环境保护

稻渔综合种养应发挥稻渔互惠互促效应，科学设定水稻种植密度与水产养殖动物放养密度的配比，保持稻田土壤肥力的稳定性。稻田施肥应以有机肥为主，宜少施或不施用化肥。稻田病虫草害应以预防为主，宜减少农药和渔用药物施用量。水产动物养殖应充分利用稻田天然饵料，宜减少渔用饲料投喂量。稻田水体排放应符合淡水池塘养殖水排放要求的标准。

第四章　种养模式

一、早稻－连作晚稻－紫云英

（一）茬口安排

3月底直播或4月中旬机插早稻，7月中旬收获；连作晚稻6月上旬播种，10月上中旬收割；紫云英于连作晚稻成熟前15~20天将种子均匀撒入田中，翌年4月上旬盛花期时将其深翻入泥。

（二）关键技术

1. 早　稻

（1）选择高产、抗病的中早39、甬籼15、中嘉早17、中组18等品种。

（2）适时播种，秧龄30~35天。

（3）做好大田肥水管理工作，合理用肥，科学灌水。

（4）做好病虫害防治工作。

2. 连作晚稻

（1）选用高产抗病品种。

（2）适时播种，秧龄40~45天。

（3）做好大田肥水管理工作，合理用肥，科学灌水。

（4）做好病虫害防控工作。

3. 紫云英

（1）播种前，田块四周应开好沟，除围沟外，一般每隔

10～15米开一条直沟,形成"十"字沟或"井"字沟,做到沟沟相通,排灌自如。

(2)适时播种,9月中下旬至10月初播种,播种时间不能迟于11月15日。

(3)合理用肥,提高鲜草产量。

(4)及时翻耕,压青沤田。

二、早稻－秋鲜食玉米

(一)茬口安排

3月底直播或4月中旬机插早稻,7月中下旬收获;秋鲜食玉米7月下旬至8月上旬播种,10月下旬至11月上旬采收。

(二)关键技术

1. 早　稻

(1)选择高产、抗病的中早39、甬籼15、中嘉早17、中组18等品种。

(2)适时播种,秧龄30～35天。

(3)做好大田肥水管理工作,合理用肥,科学灌水。

(4)做好病虫害防控工作。

2. 鲜食玉米

(1)选用钱江糯3号、浙糯玉16、雪甜7401、金银208、浙甜等甜、糯玉米品种。

(2)隔离种植,300米以上范围内不种其他类型的玉米;或花期错开25天。

(3)适时播种,7月下旬至8月上旬播种。

(4)合理密植,每亩种植3500株;选用辛硫磷等药剂防治玉米螟。

(5)适期采收,气温高时授粉后20～22天就可收获,气温较低时授粉后25~27天可收获。

三、早中稻（早稻）+ 草莓

（一）茬口安排

3月下旬至8月下旬，种植早稻或早中稻，9月上旬至翌年3月底种植草莓，实行粮经结合的水旱轮作。

（二）关键技术

1. 水　稻

（1）选择高产、抗病的中早39、甬籼15、中嘉早17、中组18等品种。

（2）适时播种，秧龄30~35天。

（3）做好大田肥水管理工作，合理用肥，科学灌水。

（4）做好病虫害防治工作。

2. 草　莓

（1）选用章姬、红颜、越秀、越丽、丰香、女峰、甜查理（法兰帝）等主推品种。

（2）白天棚内温度保持在18~24℃，湿度在60%以下，夜晚保持在5℃以上。加强肥水管理。宜采用滴灌追肥及根外追肥，促进第二花序坐果膨大。

（3）果实适期采收，防止污染。

（4）重点防控灰霉病、白粉病、蚜虫等病虫害。

四、单季稻－油菜

（一）茬口安排

以直播和机插为主，播种期在5月上中旬至6月上中旬，收获期在9月底至10月中下旬；油菜最佳播种期在10月20日前，有利于油菜苗秋发冬壮，获得高产。

（二）关键技术

1. 单季稻

（1）选择生育期中偏长，株高适中、耐肥、抗倒、抗病、根系强大、穗粒兼顾型优质高产甬优1540、甬优15、甬优7850和嘉丰优2号等品种。

（2）适时播种，空闲田于5月上旬播种，油菜田于5月下旬至6月上旬播种，最迟不宜超过6月10日。

（3）掌握前促、中控、后补的施肥原则，合理用肥，科学灌水，适时除草。

（4）做好纹枯病、稻瘟病、稻曲病、二化螟、稻丛卷叶螟、稻飞虱等病虫害防治工作。

2. 油　菜

（1）选择发芽势强、株形紧凑、株高适宜、抗逆较强的浙油51、浙大622、浙大630、浙油505常规品种，或越优1203、越优1301、浙油杂1403等杂交品种。

（2）适时播种，一般在10月上中旬播种结束。

（3）及时间苗、补苗和定苗，每亩定苗1万～1.3万株。

（4）科学施肥。采用"施足基肥、早施追肥、重施薹肥"的施肥方法，促进油菜冬壮春发，以获得高产。

（5）做好蚜虫、菌核病等病虫害防控工作。

五、单季稻－速生叶菜－春马铃薯

（一）茬口安排

单季稻种植以直播和机插为主，播种期在5月上中旬至6月上中旬，9月底至10月初收获后种植一茬速生叶菜，待到冬至（12月20日前后）开始种植春马铃薯，成熟期约在翌年5月上中旬。

（二）关键技术

1. 单季稻

（1）选择生育期中偏长，株高适中、耐肥、抗倒、抗病、根系强大、穗粒兼顾型优质高产甬优1540、甬优15、甬优7850和嘉丰优2号等品种。

（2）适时播种，空闲田于5月上旬播种，油菜田于5月下旬至6月上旬播种，最迟不宜超过6月10日。

（3）掌握前促、中控、后补的施肥原则，合理用肥，科学灌水，适时除草。

（4）做好纹枯病、稻瘟病、稻曲病、二化螟、稻丛卷叶螟、稻飞虱等病虫害防治工作。

2. 速生叶菜

（1）选用高产抗病、生育期短、适应市场需求的品种。

（2）根据不同前作品种收获期，适时播种。

（3）加强肥水管理。

（4）预防为主，做好病虫害防控工作。

3. 春马铃薯

（1）选择优质、抗病、高产的浙薯956、克新一号（紫花白）等脱毒品种。

（2）适时播种，一般在12月下旬至翌年3月中旬播种。

（3）合理密植，每亩种植4000～4500株。

（4）做好晚疫病等病虫害防控工作。

六、单季稻－羊肚菌（黑木耳）

（一）茬口安排

单季稻种植以直播和机插为主，播种期在5月上中旬至6月上中旬，收获期9月底至10月中下旬；单季稻收割后提前搭建毛竹大棚,于11月中下旬种植羊肚菌(黑木耳),翌年2月收获羊肚菌(黑木耳),3月采收结束。

(二)关键技术

1. 单季稻

(1)选择生育期中偏长,株高适中、耐肥、抗倒、抗病、根系强大、穗粒兼顾型优质高产品种。

(2)适时播种,空闲田于5月上旬播种,油菜田于5月下旬至6月上旬播种,最迟不宜超过6月10日。

(3)掌握前促、中控、后补的施肥原则,合理用肥,科学灌水,适时除草。

(4)做好纹枯病、稻瘟病、稻曲病、二化螟、稻丛卷叶螟、稻飞虱等病虫害防治工作。

2. 羊肚菌(黑木耳)

(1)羊肚菌选择发菌出菇快、抗病抗逆性强、个体大、商品性好、种性稳定的六妹系列品种;黑木耳选用液体菌种。

(2)适时种植。

(3)出菇阶段要保持棚内有充足的新鲜空气和一定的散射光,同时做好温湿度的管理。

(4)适时采收。

七、单季稻-花椰菜(西蓝花)

(一)茬口安排

单季稻种植以直播和机插为主,播种期在5月上中旬至6月上中旬,收获期9月底至10月中下旬;11月定植花椰菜(西蓝花),于翌年春采收。

（二）关键技术

1. 单季稻

（1）选择生育期中偏长，株高适中、耐肥、抗倒、抗病、根系强大、穗粒兼顾型优质高产甬优1540、甬优15、甬优7850和嘉丰优2号等品种。

（2）适时播种，空闲田于5月上旬播种，油菜田于5月下旬至6月上旬播种，最迟不宜超过6月10日。

（3）掌握前促、中控、后补的施肥原则，合理用肥，科学灌水，适时除草。

（4）做好纹枯病、稻瘟病、稻曲病、二化螟、稻丛卷叶螟、稻飞虱等病虫害防治工作。

2. 花椰菜（西蓝花）

（1）选择雪玉美松、优美青花菜、雪宝80天等优良品种，做好种子处理。

（2）每亩定苗1800株左右。

（3）做好大田水肥管理，加强微量元素的供给。

（4）做好病虫害防控工作。

八、单季稻－浙贝母（元胡）

（一）茬口安排

单季稻种植以直播和机插为主，播种期在5月上中旬至6月上中旬；单季稻收割后种植浙贝母（元胡），于翌年5月初收获。

（二）关键技术

1. 单季稻

（1）选择生育期中偏长，株高适中、耐肥、抗倒、抗病、根系强大、穗粒兼顾型优质高产品种。

（2）适时播种，空闲田于5月上旬播种，油菜田于5月下旬至6月上旬播种，最迟不宜超过6月10日。

（3）掌握前促、中控、后补的施肥原则，合理用肥，科学灌水，适时除草。

（4）做好纹枯病、稻瘟病、稻曲病、二化螟、稻丛卷叶螟、稻飞虱等病虫害防治工作。

2. 浙贝母（元胡）

（1）做好种子处理。

（2）适时播种。

（3）做好大田水肥管理，加强微量元素供给。

（4）做好病虫害防控工作。

九、单季稻－秋萝卜

（一）茬口安排

单季稻种植以直播和机插为主，播种期在5月上中旬至6月上中旬，收获期9月底至10月中下旬；9月底至10月中下旬种植秋萝卜。

（二）关键技术

1. 单季稻

（1）选择生育期中偏长、株高适中、耐肥、抗倒、抗病、根系强大、穗粒兼顾型优质高产甬优1540、甬优15、甬优7850和嘉丰优2号等品种。

（2）适时播种，空闲田于5月上旬播种，油菜田于5月下旬至6月上旬播种，最迟不宜超过6月10日。

（3）掌握前促、中控、后补的施肥原则，合理用肥，科学灌水，适时除草。

（4）做好纹枯病、稻瘟病、稻曲病、二化螟、稻丛卷叶螟、稻飞虱等病虫害防治工作。

2.秋萝卜

（1）适时播种，以9月底至10月中下旬为宜。

（2）中耕掌握先浅后深再浅的原则，注意不要伤根，防止烂根或裂口等。

（3）科学施肥，合理灌水。

（4）做好病虫害防控工作。

十、晚稻－春鲜食玉米

（一）茬口安排

在立秋前完成晚稻插种，于10月底至11月上旬收割；早春采用白膜覆盖保温技术，于3月底至4月初播种鲜食玉米，7月中旬前收获。

（二）关键技术

1.晚　稻

（1）选用高产抗病品种。

（2）适时播种，秧龄40~45天。

（3）做好大田肥水管理工作，合理用肥，科学灌水。

（4）做好病虫害防控工作。

2.春鲜食玉米

（1）选用钱江糯3号、浙糯玉16、雪甜7401、金银208、浙甜等甜、糯玉米品种。

（2）隔离种植，300米以上范围内不种其他类型的玉米；或花期错开25天以上。

（3）适时播种，3月底至4月初播种，白膜覆盖。

（4）合理密植，每亩种植3500株；选用辛硫磷等药剂防治玉米螟。

（5）做好病虫害防治工作。

十一、鲜食玉米+鲜食大豆－冬季蔬菜

（一）茬口安排

3月底至4月上旬播种鲜食玉米，采用白色膜覆盖保温技术，鲜食大豆于4月上中旬播种，采用一畦玉米一畦大豆的带状间作法种植，玉米大豆收获后再种植冬季蔬菜。

（二）关键技术

1. 鲜食玉米

（1）选用钱江糯3号、浙糯玉16、雪甜7401、金银208、浙甜等甜、糯玉米品种。

（2）适时播种，3月底至4月上旬播种，白膜覆盖。

（3）隔离种植，300米以上范围内不种其他类型的玉米；或花期错开25天以上。

（4）合理密植，每亩种植3500株。

（5）做好病虫害防治工作。

2. 鲜食大豆

（1）选用浙农6号、浙鲜9号、浙鲜12等高产抗病品种。

（2）4月上中旬播种。

（3）科学施肥，合理灌溉。

（4）做好蚜虫、斜纹夜蛾、豆荚螟、豆秆蝇和潜叶蝇等病虫害防控工作。

3. 冬季蔬菜

（1）选用高产抗病、适应市场需求的品种。

（2）适时播种。

(3)做好肥水管理和防冻保暖工作。
(4)做好病虫害防控工作。

十二、红高粱－油菜

(一)茬口安排

空白田(地)红高粱播种时间可提前到4月中下旬,油菜田(地)红高粱播种时间在油菜收获后,最迟到6月底。高粱收获期在9月上旬至10月下旬,收获后及时种植油菜,宜早不宜迟。

(二)关键技术

1. 红高粱

(1)选择适合当地种植的优质、高产、适应性广和糯性强的川糯粱1号、川糯粱2号、晋糯3号等品种。

(2)合理轮作,深耕整地,适时播种,3月下旬至4月初播种,每亩6000～8000株。

(3)做好定苗、施肥、灌水、中耕等田间管理工作。

(4)做好炭疽病、蚜虫、玉米螟、草地贪夜蛾等病虫害防治工作。

2. 油　菜

(1)选择发芽势强、株形紧凑、株高适宜、抗逆较强的浙油51、浙大622、浙大630、浙油505常规品种,或越优1203、越优1301、浙油杂1403等杂交品种。

(2)适时播种,一般在10月上中旬播种结束。

(3)及时间苗、补苗和定苗,每亩定苗1万～1.3万株。

(4)科学施肥。采用"施足基肥、早施追肥、重施薹肥"的施肥方法,促进油菜冬壮春发,以获得高产。

(5)做好蚜虫、菌核病等病虫害防控工作。

十三、小香薯－油菜

（一）茬口安排

早春种植小香薯，设施条件下可提前1个月，露地种植可在3月下旬至4月上旬，但必须采用双色膜或地膜覆盖保温技术，6月底第一茬收获后，可采用前茬无病虫害健壮藤苗扦插第二茬，待第二茬小香薯收获后种植油菜，最佳播种期为10月20日前。

（二）关键技术

1. 小香薯

（1）采用"大棚＋小拱棚＋地膜"三层保护设施育苗，确保尽早出苗。

（2）合理密植，每亩4000株左右。

（3）做好除草、排灌、施肥等田间管理工作。

（4）做好黑斑病、软腐病、蛴螬、金针虫等病虫害防治工作。

2. 油　菜

（1）选择发芽势强、株形紧凑、株高适宜、抗逆较强的浙油51、浙大622、浙大630、浙油505常规品种，或越优1203、越优1301、浙油杂1403等杂交品种。

（2）适时播种，一般在10月上中旬播种结束。

（3）及时间苗、补苗和定苗，每亩定苗1万～1.3万株。

（4）科学施肥。采用"施足基肥、早施追肥、重施薹肥"的施肥方法，促进油菜冬壮春发，以获得高产。

（5）做好蚜虫、菌核病等病虫害防控工作。

十四、小香薯－蔬菜

(一)茬口安排

早春种植小香薯,设施条件下可提前1个月,露地种植可在3月下旬至4月上旬,但必须采用双色膜或地膜覆盖保温技术,6月底第一茬收获后,可采用前茬无病虫害健壮藤苗扦插第二茬,待第二茬小香薯收获后种植西蓝花等冬季蔬菜,最佳播种期为10月20日前。

(二)关键技术

1. 小香薯

(1)采用"大棚+小拱棚+地膜"三层保护设施育苗,确保尽早出苗。

(2)合理密植,每亩4000株左右。

(3)做好除草、排灌、施肥等田间管理工作。

(4)做好黑斑病、软腐病、蛴螬、金针虫等病虫害防治工作。

2. 西蓝花

(1)适时播种,10月20日前结束。

(2)每亩保苗3300~3500株。

(3)做好施肥、排灌、除草等田间管理工作。

(4)做好黑腐病等病虫害防控工作。

十五、油菜－紫苏

(一)茬口安排

空白田(地)在4月中旬后播种紫苏,油菜田在收获后及时播种,采用撒直播技术,分批播种分批收获,一般可收获4~5茬;

紫苏收获后种植油菜,最佳播种期为10月20日前。

(二)关键技术

1.油　菜

(1)选择发芽势强、株形紧凑、株高适宜、抗逆较强的浙油51、浙大622、浙大630、浙油505常规品种,或越优1203、越优1301、浙油杂1403等杂交品种。

(2)适时播种,一般在10月上中旬播种结束。

(3)及时间苗、补苗和定苗,每亩定苗1万~1.3万株。

(4)科学施肥。采用"施足基肥、早施追肥、重施薹肥"的施肥方法,促进油菜冬壮春发,以获得高产。

(5)做好蚜虫、菌核病等病虫害防控工作。

2.紫　苏

(1)当紫苏秧长至20~30厘米高时及时移植。

(2)做好中耕锄草、施肥等大田管理工作。

(3)做好蚜虫等病虫害防治工作。

(4)及时采收。

十六、春马铃薯－紫苏

(一)茬口安排

空白田(地)在4月中旬后播种紫苏,油菜田在收获后及时播种,采用撒直播技术,分批播种分批收获,一般可收获4~5茬;紫苏收获后种植马铃薯,最佳播种期为12月20日前后。

(二)关键技术

1.马铃薯

(1)选择高产、抗病的浙薯956、克新一号等品种。

(2)适时播种,一般在12月下旬至翌年3月中旬种植结束。

（3）合理密植，每亩种植4000～4500株。

（4）做好病虫害防控工作。

2. 紫苏

（1）当紫苏秧长至20～30厘米高时及时移植。

（2）做好中耕锄草、施肥等大田管理工作。

（3）做好蚜虫等病虫害防治工作。

（4）及时采收。

十七、春马铃薯－山地辣椒

（一）茬口安排

12月下旬（冬至后）播种春马铃薯，翌年5月上中旬收获；根据市场需求选用丰产、抗病、抗逆性好的山地辣椒品种，于4月中旬前后播种，5月中下旬定植，于7月中下旬开始采摘青椒，至霜降前采摘结束。

（二）关键技术

1. 马铃薯

（1）选择高产、抗病的浙薯956、克新一号等品种。

（2）适时播种，一般在12月下旬至翌年3月中旬种植结束。

（3）合理密植，每亩种植4000～4500株。

（4）做好病虫害防控工作。

2. 山地辣椒

（1）选择抗病性好、果肉厚、色泽好、产量高、辣味适中的青云2号品种。

（2）合理密植，每亩2600～3000株。

（3）按照"采收一次、追肥一次"的原则，施好肥料。

（4）做好病毒病、疫病、蚜虫、烟青虫等病虫害防治工作。

十八、稻鱼（虾、蟹）共生

（一）茬口安排

在早稻田或单季稻田中，开挖生态养殖沟。待水稻进入分蘖末期，即可将具有一定规格的草鱼、鲤鱼、鲫苗等按适当比例混搭后放养于事前挖好的养殖沟中，供鱼（虾、蟹）栖息，实现互利共生。

（二）关键技术

1. 水 稻

（1）选择抗病虫能力强、叶片角度小、透光性好、抗倒性强、成穗率高、穗大、结实率高的优质高产品种。

（2）合理密植，每亩杂交稻0.8万~1.0万丛，常规稻1万~1.2万丛。

（3）减少施肥次数和施肥量。

（4）采用绿色生态防控措施。

2. 鱼（虾、蟹）

（1）选择适合稻田环境、抗病抗逆、品质优、易捕捞、适宜产业化经营的水产养殖品种。

（2）合理设定水产养殖动物的最高目标单产。

（3）适当减少渔用饲料投喂量。

（4）稻田中严禁施用抗菌类和杀虫类渔用药物。

第五章 灾后措施

一、暴雨洪涝灾后农业生产救灾措施

（一）暴雨洪涝对粮油作物的影响

1. 影响作物根系代谢活动

暴雨过大积水成涝，积水使土壤空隙中充满水分，造成土壤中氧气缺乏，粮油作物根系无法进行有氧呼吸，长时间处于缺氧条件下进行无氧呼吸，会产生有毒物质，影响作物生长。若长期处于淹水条件下，会造成根系死亡，进而使粮油作物地上部分无法得到水分和营养成分，影响正常代谢活动，最终导致整株死亡。

2. 影响地上部分光合作用

积水不仅会影响根系的呼吸和营养吸收，还会阻碍地上部分进行光合作用。若粮油作物整株或者功能叶处于淹水状态，短时间内会造成叶片气孔关闭，长时间造成叶绿素含量下降，降低光合速率，光合产物的运输能力也下降。此外，淹水条件下，粮油作物细胞膜选择透性降低，代谢平衡破坏，体内酶活性和激素水平发生变化，加速作物老化或死亡。

3. 作物被冲，土壤养分流失

暴雨过大时，作物可能整株被冲走，尤其是作物处于幼苗期时，雨水过大过急，容易被雨水冲走。此外暴雨还会带走大量土壤养分，雨后高温高湿，病虫害发生风险增大。

（二）遭受暴雨洪涝后的恢复措施

1. 水　稻

（1）抓紧疏浚农田沟渠，开好排水沟，防止水稻受淹。若强降雨导致水稻田受淹后，要及时组织力量，开启排水设施，降低外围水位，及时排出田间积水，减轻涝渍危害。但要适当保留浅水层。

（2）受淹严重的水稻田退水后，要抓紧时间清洗叶片，最好使用喷雾器，喷去沾在叶片上的泥沙，以恢复叶片正常的光合机能，促进植株恢复生长。

（3）水稻受淹期间，营养器官受到不同程度损害，退水后植株重新恢复生长，需要大量的营养，而且排水后肥料流失较多，因此，排出积水后，要根据苗情长势及时追肥，肥料种类以速效氮肥为主，并配合施用磷钾肥。

（4）重点关注水稻细菌性病害、纹枯病、稻纵卷叶螟等，山区半山区及感病品种关注稻瘟病发生。

（5）对长时间淹水秧苗死亡的田块和水毁田块，要组织调剂水稻秧苗，抢时间补种早中熟晚稻品种，弥补洪涝灾害损失。或改种杂交玉米、秋大豆、芝麻或蔬菜等作物。

2. 玉　米

（1）对受淹的夏玉米，要及时进行扶苗补苗，防止缺穴少株。

（2）洪涝发生过后，要及时组织抢收已成熟的玉米；未成熟的地块，要抓紧在大雨间隙迅速疏通沟渠，合理开沟，尽快排涝去渍，降低农田的地下水位，以利根系生长。

（3）一旦植株恢复生机，应结合中耕、松土、培土，及时增施化肥，以施氮肥（尿素）为主，并辅以磷钾肥。施肥量的多少应根据植株的受害程度、土壤肥力和作物生育期而定。

（4）受淹严重或冲毁的田块，应及时补播。可接着种郑丹958、济丹7号、苏玉10号等品种，还可改种秋大豆、芝麻或蔬菜等作物。

二、高温干旱天气农业生产救灾措施

（一）高温干旱对粮油作物的影响

高温对粮油作物的影响主要表现在两个方面：影响开花结果和灼伤叶片。粮油作物在开花结果期对温度比较敏感：开花时遭遇高温，会影响盛花时间、开花率、花药开裂率等，引起落花，影响授粉率，形成畸形果或瘪粒；灌浆时遭遇高温，会加快灌浆速度，缩短灌浆时间，有时会造成青枯早熟，对产量影响巨大；成熟时遭遇高温，会造成籽粒不饱满，甚至是落果。7—8月，单季晚稻大多处于分蘖期，早稻处在灌浆成熟期，此时的水稻对水的需求比较敏感。当前正处于连续高温时期，此期如干旱缺水会引起处于分蘖初期的水稻不能够形成足够的有效穗，会严重影响水稻产量，对于处于分蘖末期的水稻则会造成部分可以成穗的分蘖死亡，直接影响产量；若早稻后期缺水将造成千粒重下降。

当粮油作物遭遇干旱的时候，会引起光合作用减弱。粮油作物为减少水分损失，气孔会关闭，进而引起二氧化碳亏缺，造成光合速率下降。严重干旱时，叶肉细胞或叶绿体等光合器官的光化学活性下降甚至破裂解体，造成粮油作物光合作用受阻，干物质积累减少，影响营养生长和生殖生长，造成植作物生长缓慢或结实率下降。干旱还会引起粮油作物呼吸速率的变化，影响正常的代谢。此外，干旱还会引起粮油作物体内植物激素、脯氨酸和细胞膜透性也会发生变化。

对准备播种的粮油作物而言，干旱会影响其适时播种，延迟生育期，影响后茬作物。还容易造成幼苗出土困难，发芽率、出苗率下降，出现缺苗断垄现象，影响产量。在粮油作物产量形成的关键时期，干旱会严重影响生殖生长，造成产量和品质下降。

（二）遭受高温干旱后的恢复措施

1. 水　稻

（1）加强水资源管理，实行统一调配，建立流域用水制度，杜绝"抢水""占水"等事件的发生。及时做好沟渠维修、清淤工作，减少漏水损失。

（2）根据不同生育时期，把现有的水源用在"刀刃"上。对未进入孕穗期的单季稻和早插已成活的连作晚稻，防止盲目漫灌，提倡湿润灌溉，节约用水，以保证返青期的连晚水稻和等水插秧的田块用水。

（3）在早晨和傍晚用喷施宝等叶面肥对农作物进行叶面喷雾，减缓叶片失水，提高抗旱能力。

（4）高温干旱易引发各类病虫害，各地在抗旱时应加强病虫害的防治工作，重点做好水稻纵卷叶螟、稻飞虱等虫害的防治工作。

（5）根据旱情的发展情况，及时调整农作物种植布局，及早做好旱杂粮或秋菜种子的准备工作。干旱一旦解除，要及早做好绝收田的补播工作，改种秋玉米、秋大豆、秋马铃薯和蔬菜等作物。

2. 旱粮作物

（1）有条件的地方，可以采取浇水的方法进行抗旱，条件较差的地方，对于甘薯等旱粮，通过开展中耕除草来减少土壤水分的蒸发，在中耕时每亩施10~12.5千克复合肥结合薄水浅灌的方法来促进玉米、甘薯的生长。

（2）山地玉米、高粱采用中耕和覆盖杂草、秸秆的方式减少水分蒸发。此外，也可喷施叶面肥来缓解旱情，在早、晚时分用叶面肥进行叶面喷雾，减缓叶片失水，提高抗旱能力。

（3）做好草地贪夜蛾和高粱螟虫的防治。

三、雨雪冰冻天气农业生产救灾措施

（一）雨雪冰冻对粮油作物的影响

雨雪冰冻天气对不同粮油作物不同时期的影响不同，生长关键时期作物对外界环境敏感，影响较大。冬季低温雨雪主要影响的粮油作物是小麦和油菜。小麦在拔节期后经历连续低温冻害天气，会导致后续麦穗生长停滞。冻害较轻时，麦株主茎及大分蘖的幼穗受冻后，仍能正常抽穗和结实；但穗实粒数明显减少。冻害较重时，主茎、大分蘖幼穗及心叶冻死，但其余部分仍能生长；冻害严重时，小麦叶片、叶尖呈水烫一样地硬脆，后青枯或青枯成蓝绿色，茎秆、幼穗皱缩死亡。油菜在越冬期和蕾薹期容易遭受低温危害，越冬期低温容易造成油菜因冻害而引起的叶片发白、萎蔫，甚至出现病斑样、皱缩干枯。抽薹期冻害表现叶片边缘烧焦状，茎秆开裂、变空，进而倒伏折断，以至枯死。

（二）遭受雨雪冰冻后的恢复措施

1. 小　麦

（1）在小麦年后返青之后，对于受冻的麦田要及时补充肥料，一般采用速效氮肥，以提高分蘖成穗率，将冻害损失程度降到最低，最大限度地保证小麦的产量。

（2）对于已经受冻的小麦，如果冻害程度不是特别严重，仅仅是叶片枯黄，可以在早春的时候及时喷施药剂，以恢复小麦的长势。生产上一般喷施磷酸二氢钾和芸苔素内酯，来促进麦苗返青。

（3）受冻麦田后期容易产生早衰，可以加强中后期肥水管理，在春季第一次追肥的基础上应根据麦苗生长发育情况适量追肥，以提高产量。

（4）对低温造成冻害的小麦，更易感病，要根据当地病虫害预测预报和田间病虫发生情况，密切关注病害发生动态，适时选用对口农药。对发生蚜虫为害的田块可用啶虫脒、吡虫啉等防治。

2. 油　菜

（1）对已经受到冻害的油菜，要在天气晴好的时候及时摘除冻薹，促进油菜基部的分枝生长；同时清除冻伤的叶片，防止影响到整个植株。切忌在雨天的时候进行摘除操作，防止伤口腐烂现场发生。

（2）清沟排水，降低田间湿度，提高土壤温度，增加土壤通气性，防止冻害渍害叠加发生，同时利用清沟的土壤培土壅根，减轻冻害对油菜根系造成的影响。

（3）油菜受到冻害以后，植株的根系和叶片都受到了一定损伤，可以视具体情况，追施尿素以促进植株恢复生长，同时注意适量补施钾肥和硼肥，钾肥可促灌浆壮籽，硼肥可促进花芽分化。

（4）对低温造成冻害的油菜，更易感病，要密切关注病害发生动态。可在晴天时采用碧护等调节剂喷施油菜，缓解冻害症状，同时促进油菜生长发育。对发生菌核病的田块可用菌核净、咪鲜胺、啶酰菌胺等防治，发生蚜虫为害的田块可用啶虫脒、吡虫啉等防治。

四、台风袭击后农业生产自救措施

（一）台风对粮油作物的影响

台风对粮油作物的影响主要是由暴雨引起的洪涝、大风和诱发的滑坡、泥石流等。除了暴雨对粮油作物的影响外，大风造成粮油作物损叶折枝，严重的会造成成片倒伏，甚至连根拔起。粮油作物在开花授粉期遭遇台风会引起落花，授粉不良；结实成熟期的粮油作物遭遇台风会造成落果落粒。植株倒伏之后，茎秆弯折，茎秆运输系统遭到破坏，影响根系向地上部分运输水分养分，同时也影响地上部分的营养物质向根系运输，影响粮油作物正常的代谢活动。此外，还会影响叶片光合产物向果穗果实的运输，造成减产。如果茎秆弯折严重,营养物质完全不能运输,弯折部分以上得不到营养,就会死亡。叶片得不到根系运输的营养物质,无法进行光合作用,籽粒灌浆也会停止,如果功能叶以下弯折严重,会造成大幅度减产甚至绝产。

(二)遭受台风后的恢复措施

1. 排涝降渍促恢复

受淹稻田应尽快排除田间积水,防止长时间积水导致茎叶腐化和烂根,减轻渍涝对水稻生长的影响。倒伏稻田应及时扶苗洗苗,恢复叶片正常光合机能,促进植株恢复生长。灾后如遇高温晴热天气,切忌一次性排尽田水,要保留田间3厘米左右水层。部分双季晚稻绝收田块,应直接改种应季作物。

2. 严控病虫降危害

加强水稻病虫的监测预警和适时防治。水稻细菌性病害以预防为主,重点是已发病田块和新出现的发病中心,台风过后及时用药全面预防1~2次,防止病害流行。单季稻穗期病害防治应重点把握破口前7~10天的关键节点,预防稻曲病和稻瘟病,同时做好"两迁"害虫监测和药剂防治。

3. 及时抢收成熟水稻

对已成熟的早稻或者早熟的单季晚稻,台风到来前及早收获;对接近成熟但受台风影响倒伏严重的早稻或者晚稻,台风过后及时抢晴收获。

五、长期低温阴雨天气的农业生产救灾措施

(一)低温阴雨对粮油作物的影响

1. 影响作物生长,造成减产

粮油作物在生长发育过程中,遭遇低温,会削弱了其生理活

性而使生育期显著延迟，发生生理障碍，造成减产。营养生长期遭遇低温，会延迟生长发育，叶片萎蔫发黄，严重的冻死冻伤；会影响生殖器官形成及受精，严重的会破坏生殖器官，造成不能正常成熟而减产。

阴雨天气，光照不足，影响粮油作物光合作用，造成生育期延迟，影响产量品质。持续性降雨使土壤水分长期处于饱和状态，造成根系通气不良，影响根部生长，形成渍害或湿害。

2. 延误农时

低温阴雨会延迟作物生育期和春季粮油作物播种时间，影响后茬作物。抽穗灌浆期作物遭遇低温阴雨，影响正常开花授粉，空壳秕率增加；光照不足，影响灌浆速度，造成籽粒不饱满，影响产量。成熟收获期粮油作物遭遇低温阴雨，易造成落果或果实腐烂，同时成熟收获期拉长，可能出现穗部发黑、发芽等现象。收获进度缓慢，还会影响后茬作物播种移栽进度。播种移栽期遭遇低温阴雨天气，会造成土壤墒情过大，不利于机械翻耕，易出现死苗烂种等现象。

（二）遭受低温阴雨后的恢复措施

1. 水　稻

（1）移栽早稻育秧的时候要覆盖小拱棚膜保温，防止秧苗冷害。有条件的地方可以考虑大棚育秧或者玻璃温室育秧，提高抗寒能力。直播早稻可以适当推迟播种，待灾害性天气过去以后抢晴播种。

（2）在低温来临前，育秧田可短时灌深水护苗。若伴有较长时间降水，要及时清理沟渠，防止田间积水过多。

（3）低温来临前喷施保温剂，在水稻茎叶上形成小块膜状物覆盖气孔，可以抑制蒸腾，减少热能消耗。

（4）在秧苗叶面上喷施磷肥或者叶面肥，减轻低温冷害的危害。已移栽大田，低温影响较小的及时追施薄肥，促进快速恢复生长。

（5）受害影响严重的，要抓紧补播或调运救济秧苗，或改直播早稻，错过早稻播种适期无法补救的，及时改种其他作物。

2. 小　麦

（1）完善田间一套沟，排明水降暗渍，千方百计减少耕作层滞水是防止小麦湿害的主攻目标。及时清理麦田"三沟"，保证雨停田间无积水，降低田间湿度，免受或减轻渍害影响。

（2）对湿害较重的麦田，做到早施巧施苗肥，重施拔节孕穗肥，以肥促苗。基肥增施热性有机肥，如渣草肥、猪粪、牛粪、草木灰、人粪尿等。增施磷钾肥，利于根系发育、壮秆，减少受害。

（3）锈病、赤霉病、白粉病发生后及时喷药防治。此外，可喷施植物抗逆增产剂等增加小麦植株抗逆性。

3. 油　菜

（1）在阴雨天气结束后，及时到油菜田中查看，发现排水沟堵塞或排水不畅，应立即清沟排水或增开排水沟，有效降低地下水位。天气转晴后要及时中耕培土，防除杂草，降低田间土壤湿度，改善土壤通气情况，促进根系发育。

（2）油菜受渍害后，根系吸肥力明显下降，而且田块土壤养分流失，导致植株长势弱，叶少而小，根系少且短，抽薹少又细，要适当多施速效肥，以促生长。追肥应根据油菜群体长势情况确定，在追施氮肥的基础上适当补施磷钾肥，现蕾和开花时，增施一次硼肥，可明显提高结实率和千粒重，大幅增加产量。

（3）发生湿渍害的油菜，植株根系活力下降，地上部分细长而瘦弱，应适时多培土壅根，以防发生倒伏。若有春后旺长的田块，要适时喷洒生长调节剂，改善株形，加快植株生长恢复，增强抗倒伏能力。

（4）渍害发生后，油菜抗病性下降，病虫害发生往往偏重，应早防早治。特别是要加强菌核病、蚜虫、霜霉病等病虫害的防治，菌核病可用菌核净、咪鲜胺、啶酰菌胺等，蚜虫可用啶虫脒、吡虫啉等，霜霉病可用百菌清、霜脲氰·锰锌等。同时要及时摘除底部的黄老病叶，减少病原菌。

参考文献

厉宝仙，金子晶，2023.种植业防灾减灾技术[M].杭州：浙江大学出版社.

吴海平，吴早贵，2017.农作制度创新与实践[M].南昌：江西科学技术出版社.

郑永利，吴慧明，周小军，2019.绿色高效农药使用手册[M].北京：中国农业科学技术出版社.

朱顺富，吴早贵，2017.作物栽培学[M].北京：中国农业科学技术出版社.